MINT-Fächer erfolgreich studieren

Rainer Storn

MINT-Fächer erfolgreich studieren

Rainer Storn
Kirchheim bei München
Bayern, Deutschland

ISBN 978-3-662-61412-9   ISBN 978-3-662-61413-6 (eBook)
https://doi.org/10.1007/978-3-662-61413-6

Die Deutsche Nationalbibliothek verzeichnet diese Publikation in der Deutschen Nationalbibliografie; detaillierte bibliografische Daten sind im Internet über http://dnb.d-nb.de abrufbar.

Originalausgabe: Storn, R., „How to Become an A-Student in Science and Engineering", independently published, 2017
© Der/die Herausgeber bzw. der/die Autor(en), exklusiv lizenziert durch Springer-Verlag GmbH, DE, ein Teil von Springer Nature 2020
Das Werk einschließlich aller seiner Teile ist urheberrechtlich geschützt. Jede Verwertung, die nicht ausdrücklich vom Urheberrechtsgesetz zugelassen ist, bedarf der vorherigen Zustimmung des Verlags. Das gilt insbesondere für Vervielfältigungen, Bearbeitungen, Übersetzungen, Mikroverfilmungen und die Einspeicherung und Verarbeitung in elektronischen Systemen.
Die Wiedergabe von allgemein beschreibenden Bezeichnungen, Marken, Unternehmensnamen etc. in diesem Werk bedeutet nicht, dass diese frei durch jedermann benutzt werden dürfen. Die Berechtigung zur Benutzung unterliegt, auch ohne gesonderten Hinweis hierzu, den Regeln des Markenrechts. Die Rechte des jeweiligen Zeicheninhabers sind zu beachten.
Der Verlag, die Autoren und die Herausgeber gehen davon aus, dass die Angaben und Informationen in diesem Werk zum Zeitpunkt der Veröffentlichung vollständig und korrekt sind. Weder der Verlag, noch die Autoren oder die Herausgeber übernehmen, ausdrücklich oder implizit, Gewähr für den Inhalt des Werkes, etwaige Fehler oder Äußerungen. Der Verlag bleibt im Hinblick auf geografische Zuordnungen und Gebietsbezeichnungen in veröffentlichten Karten und Institutionsadressen neutral.

Planung/Lektorat: Désirée Claus
Springer ist ein Imprint der eingetragenen Gesellschaft Springer-Verlag GmbH, DE und ist ein Teil von Springer Nature.
Die Anschrift der Gesellschaft ist: Heidelberger Platz 3, 14197 Berlin, Germany

Für alle Studenten, die lernbegierig sind

Vorwort

„Es ist nicht genug, zu wissen, man muß auch anwenden; es ist nicht genug, zu wollen, man muß auch tun."
(Johann Wolfgang von Goethe)

Sie möchten studieren oder sind bereits dabei, und Sie möchten die richtigen Maßnahmen treffen und effizienter dabei werden? Wenn dies so ist, dann ist dieses Buch für Sie.

Ich werde Ihnen Ratschläge geben, die praxiserprobt sind und die Sie in den meisten Fällen sofort in die Tat umsetzen können. Manche Ratschläge werden dagegen etwas Zeit und Geduld brauchen, bis sie ihre Wirkung entfalten. In diesem Fall werde ich Sie darauf hinweisen. Auch wenn Sie kein Einser-Student werden wollen, werden Sie von diesem Buch profitieren – setzen Sie einfach jene Ratschläge um, die Sie für sich und den Aufwand, den Sie betreiben wollen, für geeignet halten. Es ist wie im Sport: Nehmen wir an, Sie spielen leidenschaftlich gern Fußball, wollen aber kein Bundesligaspieler werden.

Dann lohnt es sich trotzdem, zu verfolgen, wie Bundesligaspieler trainieren und spielen, denn die eine oder andere Technik oder Strategie lässt sich auch auf einer weniger ambitionierten Ebene übernehmen.

Mir liegt daran, dass Sie die Ratschläge, die ich Ihnen gebe, wirklich verstehen. Daher werde ich Nachweise, Referenzen oder allgemeinverständliche Erläuterungen zu diesen Ratschlägen geben. Wenn Sie mit mir nicht einer Meinung sind oder Ihnen ein Rat schlicht nicht gefällt, dann sollten Sie ihn auch nicht anwenden: Auch selbst wenn Sie nur einige wenige der Hinweise und Tipps beherzigen, werden diese Ihnen helfen, besser zu werden.

Meine Ausbildung liegt in den Naturwissenschaften und im Ingenieurswesen, daher zielt dieses Buch auch vornehmlich auf diese Gebiete ab. Viele der vorgestellten Prinzipien eignen sich jedoch für jede Studienrichtung.

Bevor ich mit dem eigentlichen Buch beginne, möchte ich mich kurz vorstellen. Ich bin in Deutschland ganz regulär zur Schule gegangen und war zu Beginn gut bis befriedigend in meinen Leistungen. Als ich dann das Gymnasium beendet hatte, war ich bereits bei der Durchschnittsnote 2. Nach dem Abitur habe ich Elektrotechnik an der Universität Stuttgart studiert und mein Diplom mit „sehr gut" abgeschnitten. Nach dem Studium wurde mir eine Promotionsstelle angeboten, die ich gerne annahm und schließlich mit einer Doktorarbeit der Bewertung „Summa Cum Laude" (mit Auszeichnung) abschloss, der besten Note, die es gibt.

Obwohl also die Themen und die zu lernende Materie seit der Schule immer schwieriger wurden und der Lernstoff vom Umfang her deutlich zunahm, wurde ich immer besser und besser. Um dies zu erreichen, hatte ich mir in der Zwischenzeit verschiedenste Methoden angeeignet, die ich Ihnen hier erläutern möchte.

Im Prinzip habe ich schon in der Schule begonnen, mir diese Methoden anzueignen. Ich hatte zum Beispiel Spaß daran, anderen beim Lernen zu helfen. Ich gab Nachhilfe und wurde im Studium wissenschaftliche Hilfskraft. Deren Aufgabe ist es, Studenten beim Verstehen und Lösen von Aufgaben zu unterstützen. Im Studium arbeitete ich auch in Lerngruppen und konnte dort die Arbeitsweise meiner Mitstudenten mit meiner eigenen vergleichen. Während meiner sechsjährigen Promotionszeit war ich an der Universität als wissenschaftlicher Assistent angestellt, habe zahlreiche Vorlesungen und Seminare gehalten, Prüfungsaufgaben entworfen und dann auch die zugehörigen Prüfungen der Studenten korrigiert. Weiterhin habe ich 28 Diplomarbeiten (heute würde man Masterarbeiten sagen) betreut. Während all dieser Tätigkeiten konnte ich sehr gute Einblicke in die Arbeitsweise der Studenten gewinnen – diesmal von der anderen Seite der Prüfungen aus. Hier wurde mir noch viel mehr als früher bewusst, wann Studenten ein Thema verstanden hatten, und welche Umstände die meisten Probleme bereiteten.

Viele Ratschläge, die ich in diesem Buch aufgeschrieben habe, stammen aus eben dieser Zeit, in der ich wissenschaftlicher Assistent war. Ich hatte bereits damals die Gelegenheit, meine Studienratschläge mit Studenten und Professoren zu teilen und zu besprechen und habe sehr viel positives Feedback bekommen.

Heute leite ich eine Abteilung für Software in einem High-Tech-Unternehmen und halte nebenbei immer noch Schulungen, Vorträge und Seminare – und ich berate immer noch Studenten, die im Unternehmen eine Bachelor- oder Masterarbeit machen.

Selbst bei den Mitarbeitern der Firma, also den Profis, beobachte ich gelegentlich Unzulänglichkeiten in der

Arbeitsweise. Diese Unzulänglichkeiten können Sie vermeiden, wenn Sie sich früh einen guten Arbeitsstil angewöhnen, am besten bereits während Sie studieren.

Nebenbei unterrichte ich auch seit über 40 Jahren Kampfsport, was mir zusätzliche Einsichten in Lernprozesse, aber auch in die Wichtigkeit der körperlichen Seite bei Lernvorgängen verschafft. Meine Kinder sind zurzeit in der Berufsausbildung, und deren Berichte rufen mir die in den jeweiligen Institutionen angewandten Ansätze beim Lernen noch einmal ins Bewusstsein.

Natürlich gibt es viele Bücher und Webseiten über das Thema Lernen und Studium. Ich zweifle auch nicht am Wahrheitsgehalt der meisten Ratschläge, die dort gegeben werden. Allerdings habe ich oft den Eindruck, dass einige wichtige Aspekte nicht behandelt werden, möglicherweise deswegen, weil sie aus angrenzenden Wissensgebieten stammen.

Wenn Sie nun mit Ihrem Studium der Naturwissenschaften oder des Ingenieurswesens beginnen, stehen Ihnen diese Informationen meist nicht zur Verfügung, obwohl Sie gerade zu Beginn diese am besten gebrauchen könnten. Hinzu kommt, dass Sie durch die außergewöhnlich hohe Arbeitsbelastung vermutlich ganz andere Probleme haben, als sich mit dem Sammeln von effizienten Studientechniken zu beschäftigen, vor allem, wenn Sie nicht wissen, wo Sie überall nachschauen müssen und welche Themen wirklich wichtig sind. Um dieses Dilemma aufzulösen, habe ich mich entschlossen, dieses Buch zu schreiben.

Im metaphorischen Sinn möchte ich Ihnen nicht „die Sportart", die Sie beherrschen wollen, beibringen, ich verstehe mich vielmehr als Ihr Fitness-Coach. Wie im Sport, etwa Tennis, ist es zwar notwendig, die benötigten sportlichen Fertigkeiten und Techniken zu beherrschen, das reicht aber nicht, um wirklich maximal erfolgreich zu sein. Ohne die benötigte Fitness ist es nicht möglich, bis in die Leistungsspitze vorzustoßen. Mit Ihrem Studium verhält es sich gleichermaßen: Die fachlichen Fähigkeiten, das notwendige spezifische Wissen sowie die zugehörigen Analyse- und Lösungstechniken, also „die Sportart", wird an Ihrer Ausbildungsstätte unterrichtet. Um ein Top-Student zu werden, braucht es jedoch mehr, als lediglich die Lernmethoden, die Sie aus der Schule kennen, auf die neuen Inhalte zu übertragen. Daher lade ich Sie ein, in die „Fitness-Aspekte" des Studiums von Mathematik, Ingenieurs- und Naturwissenschaften und anderen technischen Fachgebieten, oder ganz allgemein von MINT-Fächern, einzutauchen. Noch ein Hinweis: Ich werde, der Einfachheit halber, nur die männliche Bezeichnung „Student", „Kommilitone" oder ähnliches verwenden, meine aber natürlich damit genauso „Studentinnen" und „Kommilitoninnen". Legen wir los!

Rainer Storn

Haftungsausschluss

Die Anregungen in diesem Buch stellen die Meinung des Verfassers dar. Sie wurden nach bestem Wissen erstellt und mit größtmöglicher Sorgfalt geprüft. Es können jedoch keine Garantien in Bezug auf Fehlerfreiheit, Anwendbarkeit oder Vollständigkeit der Inhalte gegeben werden. Der Inhalt des Buches dient somit rein der Information. Die Anwendung der vorgestellten Methoden und Prinzipien erfolgt auf eigene Verantwortung. Insbesondere die gesundheitlichen Ratschläge sind kein Ersatz für einen persönlichen, medizinischen Rat. Weder Autor noch Verlag können für eventuelle Nachteile, die aus den im Buch gegebenen Hinweisen resultieren, eine Haftung übernehmen.

Inhaltsverzeichnis

1	**Motivation**	1
1.1	Prolog	1
1.2	Beweggründe	2
1.3	Das limbische Belohnungssystem	3
1.4	Gelernte Wertschätzung	7
1.5	Marktwert	7
1.6	Durchhalten ist wichtiger als Talent	10
1.7	Die Macht des Unterbewusstseins	10
2	**Wie man lernt**	15
2.1	Verstehen	17
2.2	Informationen speichern	27
2.3	Speichern einfacher Information	37
2.4	Entspannen und erholen	39

3 Unterstützende Maßnahmen — 43
- 3.1 Information ordnen — 44
- 3.2 Zeit organisieren — 46
- 3.3 Priorisieren von Aufgaben — 53
- 3.4 Mitschreiben in der Vorlesung — 55
- 3.5 Was eigene Anmerkungen nutzen — 58
- 3.6 Suchmaschinen verwenden — 58
- 3.7 Die Macht des Unterbewusstseins nutzen — 59
- 3.8 Den Elefanten zerteilen — 61
- 3.9 Aus grausig mach hipp — 62
- 3.10 Sprachen lernen — 64
- 3.11 Tippen auf der Tastatur — 68
- 3.12 Physisch fit bleiben — 70

4 Prüfungsvorbereitung — 73
- 4.1 Grundprinzipien — 73

5 Prüfungen erfolgreich bestehen — 87
- 5.1 Showtime — 87

6 Schreiben einer Abschlussarbeit — 95
- 6.1 Motivation — 95
- 6.2 Gut dokumentiert — 99
- 6.3 Wissenschaftlich schreiben — 110
- 6.4 Zu guter Letzt — 149

7 Halten von Vorträgen — 151
- 7.1 Struktur einer Präsentation — 152
- 7.2 Was oft schief läuft — 162
- 7.3 Gründliche Vorbereitung — 167
- 7.4 Körpersprache — 168
- 7.5 Ihre Stimme — 174
- 7.6 Zusammenfassung — 176

8	**Auf das Arbeitsleben vorbereiten**	179
	8.1 Wonach der Arbeitgeber sucht	179
	8.2 Wie bewerben Sie sich?	184
	8.3 Assessment Center	185
9	**Körper und Seele**	187
	9.1 Soziales Leben	188
	9.2 Physische Gesundheit	188
	9.3 Die moderne Arbeitswelt und gesundheitliche Effekte	190
	9.4 Gegenmaßnahmen	195
	9.5 Aktiv entspannen	196
	9.6 Aerob trainieren	198
	9.7 Faszien stretchen und Mobilität üben	201
	9.8 Du bist, was Du isst	202
10	**Noch ein Wort**	205
Literatur		207

1

Motivation

„Wissenschaftler entdecken die Welt, die existiert; Ingenieure erschaffen die Welt, die es zuvor nicht gab."

(Theodore von Karman, Luftfahrt-Ingenieur)

1.1 Prolog

Wenn Sie erfolgreich studieren möchten, müssen Sie entsprechend motiviert sein, damit Sie die dafür notwendige Energie für die lange Zeit des Studiums aufrechterhalten können. Natürlich werden Sie Hochs und Tiefs erleben, aber Sie sollten sich durch die Tiefs nicht entmutigen lassen. Außerdem hilft es, wenn Sie Ihre Motivationsbasis kennen, denn dann können Sie sicher sein, dass Sie Ihr Studienfach aus gutem Grund gewählt haben und nicht etwa von jemandem in das Studium hineingedrängt wurden oder nur aus einem falschen Wunsch heraus ein Fach studieren, das Ihnen eigentlich gar nicht liegt. Diese letzten beiden Arten von Motivation nenne ich „Fehlmotivationen". Diese können jederzeit zusammenbrechen und Ihnen dann die Energie entziehen, die Sie zum Studieren dringend brauchen. Also fragen Sie sich: „Warum soll es ein MINT-Fach sein?"

1.2 Beweggründe

An dieser Stelle folgen einige Beispiele für typische und echte Beweggründe, die jemanden veranlassen, ein MINT-Fach zu studieren. Je mehr der folgenden Fragen Sie bejahen können, umso besser.

1. Sie sind generell neugierig zu wissen, wie Dinge funktionieren.
2. Sie führen gerne Experimente durch – real oder auch nur in Gedanken.
3. Sie arbeiten gerne mit Mathematik und erkennen eine gewisse Schönheit in ihr.
4. Sie lernen gerne Neues und sind bereit, sich ständig weiterzubilden.
5. Sie können sich für neue technische Spielereien begeistern, und Ihnen gefallen zum Beispiel imposante Bauwerke, Roboter, Flugzeuge oder andere technische Dinge.
6. Sie wollen einen Beruf mit vielen Möglichkeiten.
7. Sie wollen einen Beruf mit guten Aussichten und vielen Stellenangeboten.
8. Sie wollen einen Beruf, der gut bezahlt ist.
9. Es macht Ihnen Spaß, besser als die Konkurrenz zu sein.

10. Es macht Ihnen Freude, Dinge zu bauen. Schon als Kind haben Sie gerne mit Lego oder anderen Spielsachen gespielt, wo man etwas zusammenbauen konnte.
11. „Geht nicht" gibt es bei Ihnen nicht.
12. Sie reparieren gerne Dinge, die nicht mehr einwandfrei funktionieren.
13. Sie möchten gerne einen Beruf, der zukunftssicher ist und bis auf Weiteres nicht durch künstliche Intelligenz ersetzt werden kann.
14. Sie arbeiten gerne mit anderen im Team.
15. Es macht Ihnen Spaß, Ihre Ideen und Ihr Wissen mit anderen zu teilen.

1.3 Das limbische Belohnungssystem

Ein weiterer Schritt, um sich selbst besser kennenzulernen, ist, das limbische Belohnungssystems zu verstehen, welches die Natur in jedem Menschen verankert hat (Hermann-Ruess und Ott 2014). Das limbische System ist ein relativ alter Teil des Gehirns, der alle Informationen, die im Gehirn eingehen, emotional bewertet und der für unsere unterbewussten Entscheidungen verantwortlich ist. Die Natur hat nun vier Belohnungsmechanismen in unser limbisches System eingebaut, um unser Überleben zu unterstützen. Diese vier Mechanismen und die zugehörigen positiven und negativen Gefühle (äußerer Kreis und innerer Kreis) sehen Sie in **Abb. 1.1.**

Generell wirken alle vier Mechanismen bei jedem Menschen und man kann sich bei genauerer Betrachtung sehr gut vorstellen, dass alle vier geholfen haben, dass unsere Vorfahren überlebten.

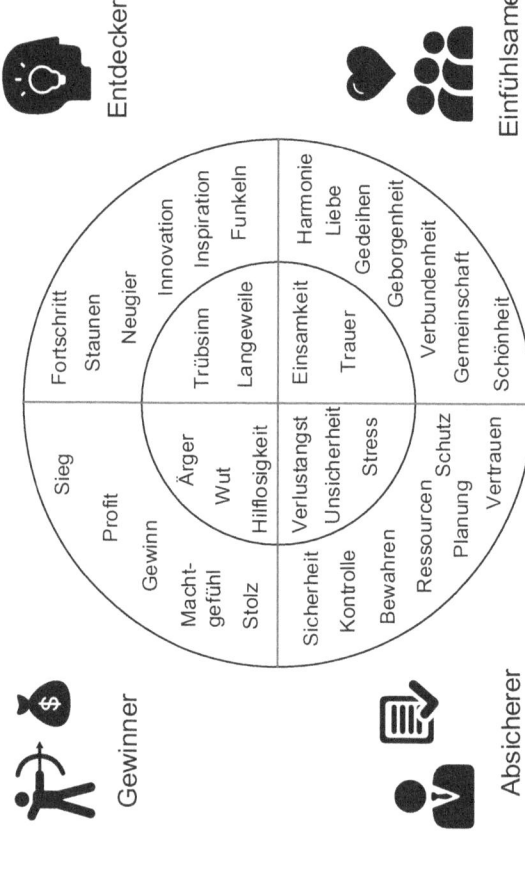

Abb. 1.1 Die vier limbischen Belohnungssysteme mit den zugehörigen positiven Gefühlen (äußerer Kreis) und den negativen Gefühlen (innerer Kreis)

Lassen Sie uns mit dem ersten Quadranten beginnen (Viertelkreis oben rechts): Neue Nahrungsquellen, Wasserstellen und Örtlichkeiten zu finden, die Schutz vor den verschiedensten Witterungsbedingungen boten, war sicher hilfreich. Ebenso die Erfindung von Werkzeugen für die Jagd oder die Nahrungszubereitung, aber auch Erkenntnisse über die Zusammenhänge, die unsere Umgebung bestimmten, wie das Wetter oder die Verhaltensweisen von Tieren. Alles das verschaffte dem Menschen deutliche Überlebensvorteile. Der erste Quadrant ist also der Bereich des Entdeckers in Ihnen. Er liebt Kreativität und das Aufspüren von neuem.

Auch der zweite Quadrant ist sinnvoll (Viertelkreis oben links), was das Überleben anbelangt: Der Sieg über Feinde oder Raubtiere war in jedem Falle wichtig, der Erfolg bei der Jagd oder beim Bau von Unterschlupfen sogar unerlässlich. Dies ist der Bereich des Gewinners. Der Gewinner liebt es, einen Vorteil gegenüber anderen zu haben.

Im dritten Quadranten (Viertelkreis unten links) findet sich der Bereich des Absicherers, der sich stets gegen schlechte Zeiten oder Unglücke wappnen will. Unsere Vorfahren mussten sicherstellen, dass es immer genügend Nahrung gab und dass der Unterschlupf stark genug war, um Unwetter und extremem Klima zu widerstehen. Der Absicherer denkt fortwährend darüber nach, was alles schiefgehen kann und ist nur mit grundsoliden Lösungen zufrieden. Wenn Strategien für wichtige Handlungen auszuwählen sind, vertraut der Absicherer nur bewährten und zuverlässigen Maßnahmen.

Der vierte und letzte Quadrant ist die Heimat des Einfühlsamen. Dieser Teil ist ebenfalls ausgesprochen wichtig, da der Erfolg der menschlichen Art hauptsächlich auf Kommunikation und Kooperation beruht. Anderen zu helfen, wenn die Situation es erfordert, ist ebenso notwendig, wie eine angenehme und schöne Umgebung zu schaffen, damit jeder nach einem harten Tag Entspannung findet und sich regenerieren kann. Denn ohne Regeneration erschöpfen sich die Energiereserven eines Lebewesens sehr schnell. Des Weiteren sind die menschlichen Beziehungen in diesem Quadranten angesiedelt. Das Wohlergehen von anderen ist wichtiger als das Wohlergehen von einem selbst. Bestimmt haben auch Sie schon einmal das ausgesprochen gute Gefühl wahrgenommen, wenn Sie jemandem geholfen haben.

Nahezu in jedem von uns wirken alle vier Belohnungsmechanismen, doch manche davon können stärker sein als andere. Wenn Sie ein MINT-Fach studieren, sollten Sie eine starke Komponente im ersten Quadranten haben, also in dem des Entdeckers. Die Motivationsfragen 1 bis 5 gehören in diese Kategorie. Insbesondere Ingenieure profitieren auch von einem starken Beitrag des dritten Quadranten, denn jene Produkte, die Ingenieure bauen, müssen zuverlässig sein. Die Motivationsfragen 10 bis 12 sind daher dem Absicherer zugeordnet.

In diesem Buch werden Sie immer wieder Hinweise auf das limbische Belohnungssystem finden. Gerade bei Präsentationen sind diese Zusammenhänge besonders wichtig, um Ihren Vortrag auf die Bedürfnisse Ihrer Zuhörer abzustimmen.

> **Wichtig** Wenn Sie ein MINT-Fach studieren, sollten Sie eine starke limbische Belohnungskomponente beim Entdecker haben. Ingenieure profitieren zusätzlich von einer starken Komponente beim Absicherer.

1.4 Gelernte Wertschätzung

Sie werden während Ihres Studiums vermutlich Vorlesungen oder Themen begegnen, die Ihnen nicht liegen oder die Sie nicht mögen. Lassen Sie sich dadurch nicht entmutigen. Im Leben gibt es eben nicht nur Sonnenschein, sondern auch stürmisches Wetter. Andererseits werden Sie auch feststellen, dass Ihnen Fächer plötzlich interessant erscheinen, wenn Sie sich nur ausgiebig genug damit beschäftigen. Am Ende kann es sogar sein, dass Sie diese Fächer lieben lernen. Der britische Schriftsteller und Gelehrte Aldous Huxley sagt: „Wir können nur das lieben, was wir kennen, und wir können etwas niemals vollständig verstehen, wenn wir es nicht lieben." Sie können tatsächlich lernen, etwas wertzuschätzen, wenn Sie es nur lange genug kennen. Machen Sie sich bewusst, dass letztlich alles interessant sein kann, wenn Sie sich nur ausgiebig genug damit beschäftigen. Diese Einsicht impliziert, dass es sehr wahrscheinlich viele Studiengänge gibt, die zu Ihnen passen würden. Lediglich die grobe Richtung muss stimmen. Ich selbst hatte mich seinerzeit entschlossen, Elektrotechnik zu studieren, aber ich glaube, dass Physik, Biologie oder Chemie auch möglich gewesen wären. Wenn Sie also daran zweifeln, ob Sie das Richtige studieren, betrachten Sie alles in dem Licht, wie es hier beschrieben ist.

1.5 Marktwert

Es ist offensichtlich, dass Ihr Marktwert mit der Qualität Ihres Abschlusszeugnisses steigt, das heißt, wenn Sie ein Einser-Student sind, werden Sie deutlich mehr Wahlmöglichkeiten haben, als wenn Sie dies nicht wären. Es ist allgemein bekannt, dass zum Beispiel Profi-Mannschaften im Fußball die besten Spieler im Team haben wollen, um ihre Gewinnchancen zu erhöhen. Bei High-Tech-Firmen verhält es sich nicht anders. Um Ihnen einen Eindruck zu geben, wie wichtig hervorragende Mitarbeiter für die Software-Entwicklung sind, sehen Sie sich bitte Abb. 1.2 an. Die dort dargestellten Informationen haben die beiden Softwareingenieure Barry Boehm und Philipp Papaccio 1988 veröffentlicht (Boehm und Papaccio 1988). Obwohl diese Forschungsergebnisse einige Jahrzehnte alt sind, sind sie nach wie vor gültig.

Abb. 1.2 zeigt, dass hervorragende Software-Ingenieure den entscheidenden Unterschied zwischen Erfolg und Misserfolg ausmachen können. Sie sind der zweitwichtigste Faktor überhaupt, der die Gesamtkosten eines Softwareprojekts im Sinne einer Kostenreduktion beeinflusst (neben der Projektgröße selbst, die in Abb. 1.2 nicht dargestellt ist).

Meine eigenen Erfahrungen nach über 30 Jahren Softwaretätigkeit bestätigen diese Ergebnisse, und ich habe keinerlei Zweifel, dass dieser Zusammenhang auch für andere Bereiche in Wissenschaft, Technik und Ingenieurswesen gilt. Wenn Sie als Projektleiter eine hervorragende Mannschaft haben, sind die Chancen, ein erfolgreiches Projekt durchzuführen, um ein Vielfaches erhöht. Dieser Zusammenhang ist den Firmen bewusst, daher lohnt es sich für die Firmen auch, hervorragende Mitarbeiter einzustellen, selbst wenn diese mehr Gehalt verlangen als der Durchschnitt. Im Rückschluss bedeutet das für Sie, dass es sich langfristig für Sie auszahlen wird, ein Einser-Student zu sein.

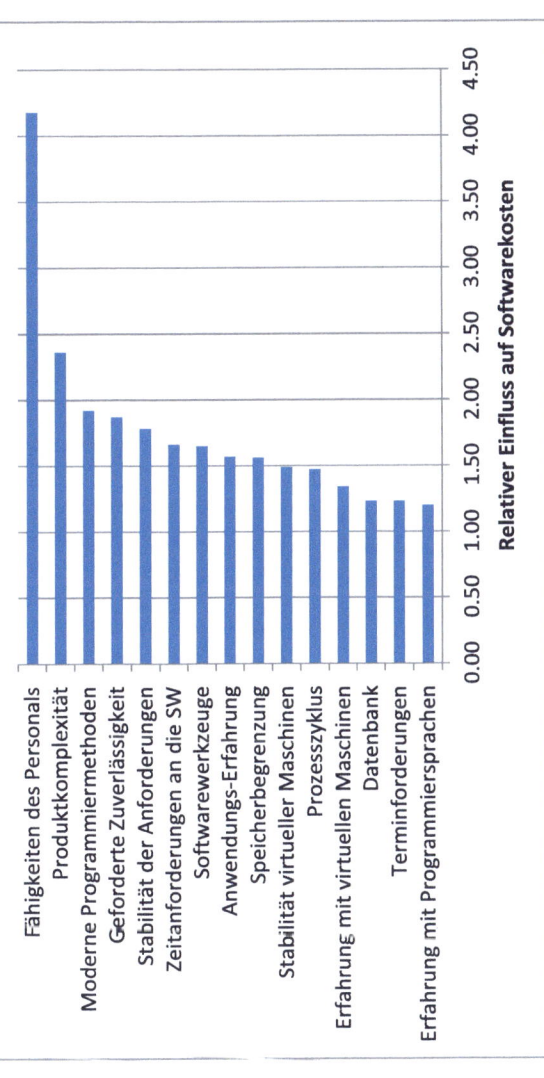

Abb. 1.2 Die Fähigkeiten des Personals haben bei Weitem den größten Einfluss auf die Kosten von Software-Entwicklung, nach der Programmgröße, dem wichtigsten Faktor (im Bild nicht gezeigt) (Boehm und Papaccio 1988)

1.6 Durchhalten ist wichtiger als Talent

Selbst wenn Sie ausgesprochen talentiert sind, werden Sie um anstrengendes Arbeiten nicht herumkommen. Natürlich wirkt Talent wie eine Starthilfe, aber es reicht keinesfalls aus. Haben Sie schon einmal versucht, ein liegengebliebenes Auto anzuschieben? Am Anfang ist dies sehr schwierig, aber wenn das Auto anfängt, loszurollen, wird es deutlich einfacher. Talent ist wie ein Auto, das bereits rollt. Der Einstieg ist leichter. Auf der anderen Seite bedeutet dies, dass sich Studieren mit der Zeit leichter anfühlen und auch mehr Spaß machen wird, wenn die Anfangsschwierigkeiten überwunden sind. Die Eigenschaft, dass Sie mehr Spaß an einer Sache haben, wenn Sie darin besser werden, ist tief in Ihr limbisches Belohnungssystem eingebaut (hier ist der Gewinner in Ihrem Belohnungssystem am Werk).

Talent wird allgemein überschätzt (Colvin 2010), und Sie können tatsächlich lernen zu lernen. Glauben Sie mir, Ihr Studium wird mit der Zeit angenehmer, auch wenn es sich anfangs extrem anstrengend anfühlt. Wenn Sie also befürchten, zu wenig Talent fürs Studium mitzubringen, aber eigentlich Naturwissenschaften lieben, dann verzweifeln Sie nicht. Sie werden es am Ende schaffen.

1.7 Die Macht des Unterbewusstseins

Wenn Sie beginnen, Naturwissenschaften, Ingenieurswesen oder ein anderes technisches Fach zu studieren, werden Sie sich vermutlich erst einmal durch die hohe Arbeitslast, die zu bewältigen ist, überfordert fühlen. Da so viele Dinge erledigt werden müssen, kann es sein, dass Sie zeitweise die wirklich wichtigen Ziele aus den Augen verlieren. Oder Sie benötigen neue Ideen, müssten Gelegenheiten ergreifen, oder sich von anderen Personen helfen lassen, sehen aber nicht die Möglichkeiten, die sich Ihnen bieten. Ein Klassiker, der sich mit diesem Thema beschäftigt ist das Buch „Alles ist erreichbar" von Raymond Hull und Helmut Huberti (Hull und Huberti 2002). Wenn ich nur ein einziges Buch meiner Literaturliste weiterempfehlen müsste, dann wäre es dieses.

Hull führt in seinem Buch in die Macht des Unterbewussten ein (heutzutage beschäftigt sich unter anderem der Wissensbereich „neurolinguistisches Programmieren", kurz NLP, damit) und zeigt, wie man sich dieses mit einfachen Maßnahmen zu Nutze machen kann. Diese Maßnahmen erfordern nur wenige Minuten am Tag, und ich will hier einige davon kurz umreißen, damit Sie eine Vorstellung davon bekommen, worum es geht.

Zunächst einmal müssen Sie ergründen, was wirklich genau Ihre Ziele sind. Das kann alles Mögliche sein, vom Wunsch, abzunehmen und eine Traumfigur zu bekommen, das Rauchen aufzugeben, eine „Eins" für Ihre Masterarbeit zu bekommen oder ein Haus zu erwerben.

Diese Ziele sollten Sie mit hoher Präzision formulieren und aufschreiben. Es reicht beispielsweise nicht, das Ziel „Ich möchte ein guter Student sein" zu formulieren. Das Ziel sollte konkreter lauten, also eher so: „Ich werde in jeder Klausur mindestens eine 2,0 schreiben." Es ist ganz wichtig, dass die Ziele positiv formuliert sind, denn das Unterbewusstsein kann mit Verneinungen schlecht umgehen. Ein Ziel wie „Ich möchte nicht schüchtern sein, wenn ich in der Mathematikvorlesung eine Frage stelle" ist daher nicht hilfreich. Das Unterbewusstsein registriert hier „schüchtern", und genau das wollen Sie nicht dauerhaft verankern. Stattdessen sollten Sie es lieber so ausdrücken: „Ich bin selbstbewusst und präzise, wenn ich eine Frage in der Mathematikvorlesung stelle."

Als Nächstes schreiben Sie Ihre Ziele nach Priorität nieder, und zwar jeden Tag. Am Anfang kann es sein, dass Sie die Prioritäten immer wieder wechseln oder dass Ihnen einige Ziele doch nicht lohnend erscheinen. Das ist vollkommen in Ordnung. Passen Sie Ihre Liste einfach immer wieder entsprechend an. Nach einiger Zeit, wird Ihre Liste stabil sein. Beschränken Sie sich auf zehn oder weniger Ziele und beschäftigen Sie sich jeden Tag insgesamt fünf Minuten mit Ihren Zielen. Schreiben Sie die Ziele nicht einfach mechanisch herunter und sitzen die Zeit ab. Versuchen Sie stattdessen, bei jedem Ziel zu ergründen, wie es sich anfühlen würde, wenn Sie es bereits erreicht hätten.

> **Wichtig** Beschäftigen Sie sich jeden Tag fünf Minuten mit Ihren Zielen und schreiben Sie die zehn wichtigsten täglich auf. Nach einigen Wochen wird Ihr Unterbewusstsein Ihnen helfen, diese Ziele zu erreichen.

Wenn Sie dies jeden Tag machen, wandern die Ziele in Ihr Unterbewusstsein, welches dann im Hintergrund an der Erfüllung der Ziele arbeitet, ohne dass Sie aktiv darüber nachdenken.

Das klingt zunächst einmal nach „Hokus Pokus". Was aber letztlich passiert, ist, dass sich Ihre Aufmerksamkeit automatisch an diesen Zielen ausrichtet und Gelegenheiten identifiziert, die Ihnen bei der Zielerfüllung helfen. Sie werden diese Ziele deutlich fokussierter verfolgen, und automatisch Maßnahmen ergreifen, welche die Erfüllung der Ziele unterstützen. Möglicherweise denken Sie, dass dies alles Humbug ist, und Sie Ihre Ziele ja ohnehin verfolgen.

Tatsächlich sind wir aber alle leichter abzulenken, als wir von uns selbst glauben, und oft haben wir doch nicht genug Motivation und Fokus. Die genannte Technik hilft, beides zu verbessern. Ihre Konzentration wird sich steigern, und Sie werden weniger nutzlose Anstrengungen vollbringen.

Erfolgreiche Persönlichkeiten nutzen diese oder ähnliche Techniken sehr häufig, um ihr Unterbewusstsein entsprechend zu programmieren. Im Sport ist zum Beispiel die Methode der Visualisierung sehr verbreitet (Behnke 2004). Der Tennisspieler André Agassi sagte nach seinem ersten Wimbledon-Sieg: „Ich habe Wimbledon schon mindestens 10.000 Mal zuvor gewonnen." Damit meinte er, wie er die Spiele und den Sieg vor seinem geistigen Auge durchgespielt hat. Ähnliche Zitate gibt es von Fabian Hambüchen, dem Goldmedalliengewinner am Reck bei den Olympischen Spielen 2016, Thomas Huber, einem bekannten Freikletterer, oder Arnold Schwarzenegger, Bodybuilder, Schauspieler, und ehemaliger Gouverneur von Kalifornien.

Gerade physisch orientierte und erfolgreiche Performer wie Athleten, Tänzer, Sänger und Schauspieler visualisieren häufig ihre Auftritte und Bewegungsabläufe, um dann glänzen zu können, wenn es darauf ankommt.

Auch Sie können Visualisierung einsetzen, zum Beispiel wenn Sie vor anderen etwas präsentieren müssen. Über die Techniken, sich das Unterbewusstsein zu Nutze zu machen, könnte noch viel gesagt werden, aber die beiden genannten einfachen Maßnahmen „Zielbeschreibung" und „Visualisierung" führen schon sehr weit, wenn Sie sie wirklich anwenden. Wenn Sie noch mehr über diesen Erfolgsaspekt erfahren wollen, empfehle ich, wie gesagt, das Buch von Raymond Hull. Da es bereits sehr alt ist (von 1969), können Sie es im Buchhandel normalerweise für wenig Geld bekommen. Die Information darin ist jedoch absolut zeitlos.

2

Wie man lernt

„Beständigkeit übertrifft kurzzeitige Anstrengung bei Weitem."
(Bruce Lee)

Lernen an sich ist natürlich nichts Neues für Sie, Sie lernen schon Ihr ganzes Leben. Es beginnt damit, laufen zu lernen, die Muttersprache lernen, soziale Fertigkeiten lernen, das Lernen in der Schule und so weiter. Lernen ist auf der einen Seite ein natürlicher Prozess, aber auf der anderen Seite auch eine Fertigkeit, die ausgebaut und verbessert werden kann. Für ein ernsthaftes Studium müssen Sie Ihre Fähigkeit zu lernen tatsächlich steigern, damit Sie mit der großen Arbeitslast und der erhöhten Informationsmenge zurechtkommen.

Unglücklicherweise werden Lerntechniken in der Schule nicht standardmäßig vermittelt, obwohl dies sehr wichtig wäre. Sich mit fortgeschrittenen Lerntechniken zu beschäftigen, lohnt sich für Sie in jedem Fall, denn diese

Techniken werden Sie auch später im Beruf immer wieder anwenden können. Die Technologien wandeln sich unentwegt, und Sie werden daher Ihr ganzes Berufsleben lang lernen müssen. Genau dies macht die Naturwissenschaften und das Ingenieurswesen aber auch so attraktiv, vor allem, wenn der Entdecker in Ihnen besonders ausgeprägt ist.

Wenn Sie zu Ende studiert haben, werden Sie sehr gut einschätzen können, wie lange Sie brauchen, um sich ein neues Thema zu erschließen und wie viel Anstrengung es Sie kostet. Sie werden auch darin geübt sein, sich die notwendigen Informationen zu beschaffen, um das Thema in der notwendigen Tiefe zu verstehen.

Lassen Sie uns aber erst einmal ein paar Grundlagen des Lernens betrachten. Lernen bedeutet, sich eine neue Fertigkeit oder ein neuen Wissensgebiet zu erschließen. Dafür muss man dieses Wissensgebiet zunächst verstehen und sich anschließend merken, sodass man sagen kann:

Lernen = Verstehen + im Gedächtnis speichern

Dies ist natürlich keine mathematische Gleichung, sondern eher als kompakte Notation gedacht, die eine allgemeinverständliche Botschaft vermitteln soll.

> **Wichtig** Gerade in den MINT-Fächern ist es zuerst notwendig, komplexe Sachverhalte zu verstehen. Erst danach kommt das „Im-Gedächtnis-Behalten".

Gerade in den MINT-Fächern sind komplexe Sachverhalte zu verstehen. Daher unterscheidet sich die hierfür notwendige Art zu lernen deutlich von jener, bei der nur einfache Informationen gelernt werden müssen, wie etwa eine Reihe von Zahlen oder Spielkarten, Einträge in einem

Telefonbuch, Muskeln im menschlichen Körper oder die Namen vieler Personen.

Bevor wir uns nun mit praktischen Lerntipps beschäftigen wollen, ist es hilfreich, sich ein paar Grundlagen bewusst zu machen, was das menschliche Gehirn dazu veranlasst, Information dauerhaft abzuspeichern. Das Gehirn merkt sich nämlich nicht jede Kleinigkeit, die unsere Sinne wahrnehmen, sonst wäre das Gehirn schnell überlastet. Es merkt sich daher normalerweise nur Informationen, die es als wichtig identifiziert hat. Auch die Erinnerung an solche Informationen, die Einzug ins Langzeitgedächtnis gefunden haben, verblasst, wenn deren Wichtigkeit abnimmt. Es gibt seltene Krankheiten, wie das hyperthymestische Syndrom, bei welchem die Fähigkeit zu vergessen fehlt. Betroffene Personen empfinden dies jedoch im Allgemeinen als Bürde und nicht als Vorteil, denn auch alle negativen Erlebnisse und unwichtigen Vorkommnisse sind immer präsent.

Es gibt ganz bestimmte Faktoren, die dem Gehirn die Wichtigkeit einer Information signalisieren. Diese Faktoren werden in Abschn. 2.2 „Abspeichern von Information" besprochen.

2.1 Verstehen

Sachverhalte zu verstehen, ist in den MINT-Fächern von entscheidender Bedeutung, da die Sachverhalte im Allgemeinen komplex oder kompliziert sind. Ich verwende hierbei den Ausdruck „komplex", wenn ein Sachverhalt viele Teile mit vielen gleichzeitig gültigen Beziehungen zwischen den Teilen beinhaltet, in seiner Wesensart aber statisch ist. Unter „kompliziert" verstehe ich etwas, das potenziell viele Schritte beinhaltet, die nacheinander ausgeführt werden müssen, zum Beispiel bei einem

Algorithmus. Etwas Kompliziertes ist daher in seiner Wesensart dynamisch.

Doch zurück zum Hauptthema: Sie haben vermutlich schon die Erfahrung gemacht, dass manche Lehrer ein Thema so erklären können, dass Sie es sofort verstehen, während andere Lehrer nur Fragezeichen bei Ihnen erzeugen. Ein sehr häufiger Grund hierfür liegt in sogenannten „Informationslücken". Darunter verstehe ich, dass ein Lehrender nicht jeden Schritt oder jede Bedingung eines Sachverhaltes erklärt. So werden bewusst oder unbewusst Lücken in der Argumentationskette erzeugt, etwa weil der Lehrende annimmt, dass die Lernenden diese Informationen ohnehin kennen.

Es gibt aber noch weitere Gründe, welche das Verstehen erschweren. Damit Sie eine Sache in ihrer Gänze verstehen können, müssen drei Bedingungen erfüllt sein:

- Sie brauchen genug Grundlagenwissen.
- Es darf keine Informationslücken in der Argumentationskette geben.
- Die Art der Wissensvermittlung muss zu Ihrer Denkweise passen.

Lassen Sie uns dies nun näher betrachten.

2.1.1 Genug Grundlagenwissen

Ihr Grundlagenwissen muss verständlicherweise ausreichen, damit Sie die zu lernende Materie verstehen können. Um die Multiplikation zweier Zahlen zu verstehen, muss man zuerst die Addition verstanden haben. Und die Division kann auch erst verstanden werden, nachdem man die Multiplikation erfasst hat.

Sie müssen also die notwendigen Grundlagen beherrschen, ansonsten wird Ihre Lerngeschwindigkeit drastisch reduziert, weil Sie immer wieder „abgehängt" werden und Themen nachbearbeiten müssen. Das kostet zusätzliche Zeit, erschwert das Lernen und macht keinen Spaß, besonders, wenn Sie viele Wissenslücken haben. Also achten Sie darauf, dass Sie die nötigen Grundlagen beherrschen – und zwar alle! Lassen Sie kein Thema offen. Ihr Grundlagenwissen ist das Fundament Ihres gesamten Wissensgebäudes, das Sie aufbauen wollen. Sorgen Sie dafür, dass dieses Fundament keine Schwächen hat. Falls es welche gibt, sorgen Sie dafür, dass Sie diese loswerden.

2.1.2 Informationslücken vermeiden

Unglücklicherweise wird es Ihnen im Studium oft begegnen, dass der Dozent nicht alles erzählt, was Sie zum Verständnis eines neuen Stoffgebietes brauchen.

Um dies zu erläutern, hier ein Beispiel aus dem Gebiet der komplexen Zahlen:

Eine komplexe Zahl z sei definiert als

$$z = \text{Re}\{z\} + j \cdot \text{Im}\{z\} \qquad (2.1)$$

wobei j die sogenannte „imaginäre Einheit" ist. Diese ist wiederum folgendermaßen definiert:

$$j = \sqrt{-1} \qquad (2.2)$$

Der Term $\text{Re}\{z\}$ in Gl. (2.1) ist der sogenannte Realteil von z und $\text{Im}\{z\}$ der zugehörige Imaginärteil. Eine komplexe Zahl kann daher als Punkt in einem zweidimensionalen Achsenkreuz dargestellt werden, in welchem der x-Wert den Realteil und der y-Wert den Imaginärteil kennzeichnet.

Nun wird die sogenannte Euler'sche Identität eingeführt. Diese lautet:

$$e^{j\cdot\varphi} = \cos(\varphi) + j \cdot \sin(\varphi) \qquad (2.3)$$

Für jede komplexe Zahl kann auch ein Betrag derselben angegeben werden, sodass sich der Betrag von Gl. (2.3) folgendermaßen ergibt:

$$\left|e^{j\cdot\varphi}\right| = 1 \qquad (2.4)$$

Haben Sie das jetzt verstanden? Sie werden mir zustimmen, dass die Ausführungen bis zu Gl. (2.2) noch einigermaßen klar waren und dass die Verständnisschwierigkeiten bei Einführung der Euler'schen Identität begonnen haben.

Wenn Sie sich also die Gl. (2.3) und (2.4) merken sollen, dann müssen Sie diese im Moment auswendig lernen, da Sie keine starken Assoziationen zu diesen Gleichungen haben (ich werde später ausführen, dass starke Assoziationen das Lernen deutlich erleichtern).

Natürlich kennen Sie Sinus und Cosinus, und auch die Exponentialfunktion ist Ihnen nicht fremd. Dennoch ist die Euler'sche Identität alles andere als intuitiv. Sie fragen sich vielleicht, wie der Mathematiker Leonard Euler auf diesen Zusammenhang kam und ob er einfach zu verstehen ist.

Die Euler'sche Identität ist tatsächlich nicht trivial, und Sie müssen zu deren Verständnis wissen, was eine Taylor-Reihe ist. Hier kommen die Grundlagen:

Jede stetige und beliebig häufig differenzierbare Funktion $f(x)$ – etwa die Exponentialfunktion oder auch die Sinus- und Cosinusfunktion – lässt sich über ein sogenanntes Taylor-Polynom approximieren, welches die größte Approximationsgenauigkeit an dem frei definierbaren Entwicklungspunkt $P(x_0, f(x_0))$ hat. Das Taylor-Polynom ist folgendermaßen definiert:

$$f(x) = \lim_{n \to \infty} \frac{f(x_0)}{0!} + \frac{f'(x_0)}{1!} \cdot (x-x_0)^1 + \frac{f''(x_0)}{2!} \cdot (x-x_0)^2$$
$$+ \ldots + \frac{f^{(n)}(x_0)}{n!} \cdot (x-x_0)^n$$

(2.5)

Sie sehen an der Gl. (2.5), dass das Taylor-Polynom im Grenzwert sogar exakt gleich der zu approximierenden Funktion ist (Hinweis: Es gibt Funktionen, in denen die Gleichheit nicht für alle x_0 erfüllt ist. Dies soll uns hier aber nicht stören). Es gibt auch andere Polynomdefinitionen, welche eine wie beschrieben definierte Funktion $f(x)$ approximieren können, aber das Taylor-Polynom reicht absolut aus, um die Euler'sche Identität herzuleiten.

Ich habe Ihnen noch nicht erklärt, warum und unter welchen Bedingungen Gl. (2.5) überhaupt gilt, und will das hier aus Platzgründen auch gar nicht tun. Sie finden die Erklärung, oder besser den Beweis, aber in jedem guten Buch über Differentialrechnung oder auch im Internet. Hier lasse ich bewusst eine Informationslücke offen – und sage Ihnen zumindest, dass es hier eine gibt!

Lassen Sie uns nun der einfacheren Rechnung wegen $x_0 = 0$ wählen (jeder andere Wert wäre ebenfalls möglich) und Gl. (2.5) auf $e^{(x)}$, $\sin(x)$, und $\cos(x)$ anwenden. Die nun notwendigen Rechnungen sind langwierig und mühsam. Um die Rechenarbeit zu vereinfachen, können Sie natürlich eine Mathematik-Software verwenden, die symbolisch differenzieren kann. Ich sage Ihnen aber einfach das Endergebnis:

$$e^x = 1 + x + \frac{x^2}{2!} + \frac{x^3}{3!} + \frac{x^4}{4!} + \frac{x^5}{5!} + \ldots \quad (2.6)$$

$$\cos(x) = 1 - \frac{x^2}{2!} + \frac{x^4}{4!} - \frac{x^6}{6!} + \frac{x^8}{8!} \ldots \quad (2.7)$$

$$\sin(x) = x - \frac{x^3}{3!} + \frac{x^5}{5!} - \frac{x^7}{7!} + \frac{x^9}{9!} \ldots \quad (2.8)$$

Setzt man nun $x = j\varphi$ in Gl. (2.6) ein und benutzt $j * j = -1$ aus Gl. (2.2) erhält man

$$\begin{aligned} e^{j\varphi} &= 1 + j\varphi - \frac{\varphi^2}{2!} - j\frac{\varphi^3}{3!} + \frac{\varphi^4}{4!} + j\frac{\varphi^5}{5!} + \ldots \\ &= \left(1 - \frac{\varphi^2}{2!} + \frac{\varphi^4}{4!} - \ldots\right) + j\left(\varphi - \frac{\varphi^3}{3!} + \frac{\varphi^5}{5!} - \ldots\right) \end{aligned}$$

(2.9)

Vergleicht man nun Real- und Imaginärteil aus Gl. (2.9) mit den Gl. (2.7) und (2.8) erkennt man die Euler'sche Identität. Diese Herleitung ist noch kein vollständiger Beweis, aber nahe genug an einem solchen, sodass man die Euler'sche Identität nach Gl. (2.3) verstehen und eine gewisse Assoziation dazu aufbauen kann.

Auch wenn man Gl. (2.3) akzeptieren kann, ist Gl. (2.4) dennoch nicht sofort ersichtlich. Sehen Sie sich dazu Abb. 2.1 an, in welcher die Euler'sche Identität grafisch als komplexe Zahl dargestellt ist. Da der dort eingezeichnete Kreis ein Einheitskreis ist, also den Radius 1 hat, hat auch die Hypothenuse des gezeigten rechtwinkligen Dreiecks, welches die Katheten $\cos(\varphi)$ und $j\sin(\varphi)$ hat, den Wert 1. Nach dem Satz des Pythagoras bekommen wir damit

$$\left|e^{j\cdot\varphi}\right| = \sqrt{\cos(\varphi)^2 + \sin(\varphi)^2} = 1 \quad (2.10)$$

2 Wie man lernt

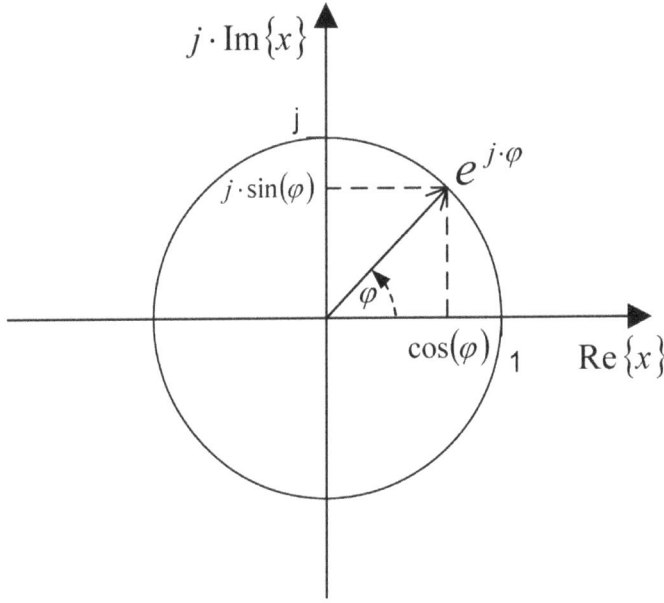

Abb. 2.1 Bildliche Darstellung von $e^{j\cdot\varphi}$ in der komplexen Ebene

Nun sind alle Informationen vorhanden, um die Gl. (2.4) leicht nachvollziehen zu können.

Ist es nicht erstaunlich, wie viele Schritte es gebraucht hat, damit Sie die Gl. (2.3) und (2.4) wirklich nachvollziehen konnten? Leider werden in den Vorlesungen oft Erklärungsteile weggelassen, die für das Verständnis notwendig sind. Der Dozent spart so natürlich Zeit und kann mehr Stoff in die Vorlesung packen. Sie selbst fangen aber möglicherweise an, an sich zu zweifeln, weil Sie den vorgetragenen Stoff nicht wirklich verstanden haben.

Wichtig Wenn Sie etwas nicht verstehen, suchen Sie die Schuld nicht bei sich. Fahnden Sie vielmehr nach den vermutlich vorhandenen Informationslücken, die im Lernstoff offen geblieben sind.

Ich habe zu meiner Studienzeit damals in den Vorlesungen, die ich besuchte, oft so etwas gehört: „… Wie man leicht sieht" oder „aus … folgt direkt …" oder Ähnliches. Anschließend habe ich mir den Kopf zerbrochen und war frustriert, weil ich den Stoff nicht wirklich verstanden hatte. Ich war mir dann immer wieder unsicher, ob ich für ein so schweres Studium wirklich geeignet bin. Später erfuhr ich dann anhand von Übungsaufgaben oder auch erst bei der Prüfungsvorbereitung, dass die von mir nicht vollständig erfassten Dinge gar nicht so einfach verstanden werden konnten, ganz einfach weil einige wesentliche Informationen in der Vorlesung weggelassen wurden.

Warum Dozenten oder auch Autoren von Büchern oder wissenschaftlichen Abhandlungen oft solche Informationslücken lassen, ohne darauf hinzuweisen, ist mir nach wie vor ein Rätsel. Wenn Sie also etwas nicht verstehen, dann ziehen Sie unbedingt in Betracht, dass Informationslücken der Grund sein könnten und nicht Unfähigkeit, die Sie vielleicht bei sich vermuten.

2.1.3 Die Wissensvermittlung und Ihrer Denkweise

Die Menschen sind unterschiedlich, wenn es um die bevorzugte Art von Wissensvermittlung geht. Viele Studenten nehmen Informationen sehr gut auf, die über grafische Darstellungen wie Bilder, Zeichnungen und Diagramme vermittelt werden. Andere wiederum ziehen die Sprache der Mathematik und deren Beweisführungen aufgrund der Eindeutigkeit, Kompaktheit und Klarheit vor. Wiederum andere Studenten müssen in dem zu vermittelnden Wissensgebiet arbeiten, viele Beispiele zu Hilfe nehmen und/oder echte Experimente oder auch

Gedankenexperimente machen, um das Stoffgebiet voll zu verstehen. Und es gibt Studenten, denen verbale Erklärungen, gesprochen oder geschrieben, wichtig sind, damit sie Informationen gut aufnehmen können. Vermutlich benötigen einige sogar mehrere der genannten Darstellungsarten.

Es ist absolut wichtig, dass Sie von sich wissen, welcher Lerntyp Sie sind, und welche Art der Wissensvermittlung Ihnen am meisten liegt. Wenn die Präsentationsart Ihres Dozenten nicht zu Ihrem Lerntyp passt, müssen Sie sich Informationen und Erklärungen besorgen, die sich für Sie persönlich besser eignen, den geforderten Stoff zu verstehen.

Am Ende des zweiten Semesters meines Elektrotechnikstudiums stand unter anderem eine schwierige Prüfung an: Höhere Mathematik 1 und 2, oder kurz HM I/II – der Stoff von zwei Semestern. Und eben dieses HM I/II war allen Elektrotechnikstudenten als potenzieller Stolperstein bekannt. Schon während der ersten beiden Semester bekamen wir viele Übungsaufgaben als Hausarbeit, die teilweise von alten Klausuren stammten. Von diesen mussten ausreichend viele bearbeitet sein, um zur Prüfung zugelassen zu werden. Meine Zuversicht bezüglich dieser HM-I/II-Prüfung war mäßig, da ich bei den Übungsaufgaben immer wieder Probleme hatte, diese zu lösen. Oft kam ich nicht einmal auf den richtigen Lösungsansatz. Ich dachte damals, dass ich vermutlich nicht klug genug bin, um ein Einser-Student zu sein. Glücklicherweise kam mir zu Ohren, dass es einen vielgelobten, aber kostenpflichtigen Intensivkurs zur Prüfungsvorbereitung gab, den ein Professor, Professor Fieles-Kahl, einer anderen Hochschule anbot. Kurzerhand entschied ich mich dazu, diesen Kurs zu besuchen – und tatsächlich war er eine Offenbarung!

Professor Fieles-Kahl konnte den Stoff so strukturiert und verständlich darstellen, dass es mir leicht fiel, die Inhalte nachzuvollziehen. Wir „Nachhilfestudenten" wurden in dem Kurs zwar auch mit einer großen Fülle von Übungsaufgaben konfrontiert, die ich alle durcharbeitete und die im Kurs dann besprochen wurden. Aber vor allem konnte uns jener Professor eben die Wissenstiefe vermitteln, die notwendig war, um die Prüfung erfolgreich zu bestehen. Beispielsweise gelangten wir beim Thema „Integralrechnung" recht schnell an den Punkt, wo die Berechnung der Stammfunktion sehr schwierig oder vielleicht sogar unmöglich wurde. Ich wusste aber vorher nicht, wo die Grenzen des Machbaren lagen. Was musste ich also beherrschen, um für dieses Themengebiet gewappnet zu sein? Und wo musste ich aufhören, mir Wissen anzueignen, weil es ohnehin in einer Prüfung niemals anwendbar wäre? Die Grenzen des Gebiets „Integralrechnung" waren für mich zu Beginn schlicht nicht greifbar. Professor Fieles-Kahl konnte uns aber sehr gut in die „Tricks" einweihen, die man beherrschen musste, damit man jene Problemtypen lösen konnte, die in einer Prüfung überhaupt machbar waren: Er zeigte uns die Grenzen auf, jenseits derer Aufgaben so schwierig und zeitaufwendig oder sogar unlösbar wurden, dass sie als Kandidaten für eine Prüfung einfach nicht infrage kamen.

Die tatsächliche Prüfung damals war dann eine echte Herausforderung. Sie war – wie immer – darauf ausgelegt, die Spreu vom Weizen zu trennen. Trotzdem konnte ich die Note 2.0 erzielen und war hochzufrieden damit.

Die eigentliche Lehre aus diesem Hochintensivkurs aber war damals für mich, wie wichtig es ist, Zugang zu der für mich am besten geeigneten Art der Wissensvermittlung für das entsprechende Stoffgebiet zu bekommen. Manchmal bedeutete dies eben, dass ich mein reguläres

Lernumfeld verlassen und nach anderen Informationsquellen suchen musste.

Heute gibt es deutlich mehr Möglichkeiten als früher, um an gute Information zu kommen. Es gibt Bücher, Tutorials in PDF-Format, Vorlesungsskripte anderer Hochschulen, Youtube*-Videos, Lernplattformen wie die Khan Academy* und so weiter.

> **Wichtig** Machen Sie sich die Mühe und suchen Sie nach dem Lernmaterial, das sich am besten für Sie eignet. Mit diesen Darbietungen lernen Sie deutlich schneller.

Machen Sie sich die Mühe und suchen Sie nach dem für Sie geeigneten Material! Die Chancen sind sehr groß, dass es dieses Material gibt. Der Aufwand lohnt sich in der Regel, denn Ihre Lerngeschwindigkeit wird sich merklich verbessern und die Mühe verringern.

2.2 Informationen speichern

2.2.1 Was assoziieren Sie?

Ihr Gehirn liebt Assoziationen, und je stärker diese sind, umso besser werden Sie sich den Lernstoff merken. Es gibt vier Dinge, die Assoziationen verstärken können. Diese wollen wir jetzt kennenlernen.

2.2.1.1 Viele Ereignisse

Je mehr Assoziationsereignissen Sie ausgesetzt sind, umso stärker wirkt die Assoziation. Nehmen wir an, Sie müssen das französische Wort „ail" (ausgesprochen wie das

Hühner-„Ei") für Knoblauch lernen. Vielleicht lesen Sie es in einem Wörterbuch oder hören es in einem Werbespot, während Sie in Frankreich Urlaub machen. Sie gehen in einen französischen Supermarkt und sehen dort eine Dose Knoblauchpulver mit der Aufschrift „ail". Im Restaurant wählen Sie ein Hauptgericht und der Kellner warnt Sie, dass Ihre Freunde bemerken werden, dass Sie ein Knoblauchgericht gegessen haben und so weiter.

Wenn Sie genügend Ereignissen dieser Art ausgesetzt sind, müssen Sie „ail" = Knoblauch nicht mehr bewusst lernen, Sie werden es danach einfach ohne Mühe abgespeichert haben (vielleicht werden Sie es schon jetzt nicht mehr vergessen, weil die genannten Situationen genügend einprägsame Bilder in Ihnen hervorgerufen haben). Walter Kugemann, ein Experte für Erwachsenenbildung, (Kugemann 1974) nennt dies den „Wäscheleinen-Effekt". Er erinnert daran, wie man früher Wäsche zum Trocknen mit Wäscheklammern an die Wäscheleine im Freien gehängt hat: Je mehr Wäscheklammern man benutzt, umso besser wird das Wäschestück halten, selbst wenn es stark windet. Das Gleiche passiert mit Ihren Assoziationen (quasi die Wäscheklammern) und der Lerninformation (das Wäschestück).

2.2.1.2 Die Beteiligung von vielen Sinnen

Sie haben vielleicht schon davon gehört, dass Informationen umso besser behalten werden, je mehr Wahrnehmungssinne bei der Wissensaufnahme beteiligt sind. Und vielleicht ist Ihnen auch die Lernpyramide nach Edgar Dale bekannt, die im Laufe der Zeit vielfach diskutiert wurde. Die Lernpyramide liefert eine Rangfolge des Behaltens von Informationen. Sie behalten demnach:

- „wenig" von dem, was Sie lesen,
- „mehr" von dem, was Sie hören,
- „eine mäßige Menge" von dem, was Sie sehen,
- „einen guten Teil" von dem, was Sie sehen und hören,
- „recht viel" von dem, was Sie sagen und schreiben, und
- „das meiste" von dem, was Sie tun.

Manche Quellen geben auch Prozentzahlen des behaltenen Wissens an, aber diese Zahlen sind wissenschaftlich nicht ausreichend hinterlegt. Dale selbst hat solche Zahlen nicht angegeben, vermutlich weil er wusste, dass sich die Menschen in ihrer Art zu lernen unterscheiden.

Es gibt noch deutlich mehr Einflussgrößen neben den Wahrnehmungssinnen, die das Lernen beeinflussen. Dennoch ist eine Botschaft aus Dales Lernpyramide richtig und hilfreich: Je mehr Sinne Sie an der Wissensaufnahme beteiligen, umso stärker sind die damit verbundenen Assoziationen und umso besser sind die Chancen, dass Sie das Wissen auch behalten. Dazu gehören neben Sehen, Hören und Fühlen auch Schmecken und Riechen, zum Beispiel bei den Themen Biologie oder Chemie.

Wenn Sie nun Informationen nicht nur aufnehmen, sondern sie auch wiedergeben, etwa durch Sprechen oder durch Bewegung, verstärken Sie die Assoziationen weiter.

Nun denken Sie vielleicht, dass es bei den Themen Naturwissenschaften oder Ingenieurswesen nicht wirklich viel an Bewegung zur Verstärkung der Assoziationen geben kann. Es gibt sie aber dennoch, denn selbst kleine Bewegungen stimulieren unser „muskuläres Gedächtnis". Schreiben auf der Tastatur oder mit einem Stift, das Zeichnen von Diagrammen, das Zusammenfügen von Chemikalien oder der Aufbau einer Experimentieranordnung – alles dies sind Bewegungen, welche die Merkfähigkeit verbessern. Deswegen ist es auch ratsam, in

Vorlesungen immer mitzuschreiben beziehungsweise sich Notizen zu machen. Sie werden wacher und aufmerksamer sein und sich etwas an Mühe bei der Nacharbeit sparen.

> **Wichtig** Die beste Erinnerung haben Sie an Dinge, die Sie selbst aktiv getan haben.

Wenn man nun Dales Lernpyramide und die Erkenntnisse aus dem Gesagten kombiniert, kann man dies zum Beispiel wie in Tab. 2.1 zusammenfassen.

2.2.1.3 Intensität

Die Intensität einer Assoziation wird allgemein erhöht, wenn auch die Wahrnehmungssinne stärker als üblich stimuliert werden. Wenn Sie sich an einer heißen Herdplatte verbrennen, wird die damit verbundene Assoziation für gewöhnlich sehr stark sein, sodass es unwahrscheinlich ist, dass Sie noch einmal eine heiße Herdplatte anfassen. Eine andere Ausprägung der Assoziationsverstärkung ist das Element der Überraschung. Wenn etwas plötzlich oder unerwartet geschieht, prägt sich das Geschehen üblicherweise stark ins Gedächtnis ein. Vielleicht haben Sie die Knallgasreaktion aus dem Chemieunterricht oder den Funkenüberschlag beim Betrieb eines Bandgenerators noch gut in Erinnerung. Zugegeben, um komplizierte Sachverhalte zu lernen, eignet sich die Intensität des Erlebens im Allgemeinen weniger, ich wollte diesen Assoziationsverstärker der Vollständigkeit halber aber trotzdem nennen.

Tab. 2.1 Kombination von vielfältigen Sinneswahrnehmungen und Dales Lernpyramide

Aktivität	Aufnehmen					Tun			Erinnerung (nach Dale)
	Geschriebenes sehen	Zuhören	Muster erkennen	Bewegung sehen	Fühlen	Sprechen	Schreiben	Bewegen	
Lesen	x								Wenig
Hören		x							Mehr
Bilder ansehen			x						Mäßig
Videos ansehen		x	x	x					
Ausstellungen besuchen	x	x	x					(x)	Ordentlich
Vorführung ansehen	(x)	x	x	x					
An praktischem Workshop teilnehmen	x	x	x	x	x		x		Recht viel
Seminare entwerfen	x	x	x		x	x	x		

(Fortsetzung)

Tab. 2.1 (Fortsetzung)

Aktivität	Aufnehmen				Tun				Erinnerung (nach Dale)
	Geschriebenes sehen	Zuhören	Muster erkennen	Bewegung sehen	Fühlen	Sprechen	Schreiben	Bewegen	
Ein Programm schreiben	x	x	x		x		x		Am meisten
Experiment durchführen	x	x	x	(x)	x	(x)	x	x	
Vortrag halten	x	x	x		x	x	(x)	x	
Privatunterricht geben	x	x	x		x	x	x	x	

2.2.1.4 Und was macht das limbische Belohnungssystem?

Das limbische Belohnungssystem ist bedeutend für die Assoziationsverstärkung: Ihr Gehirn wird Sie mit besseren Merkleistungen belohnen, wenn Ihr Unterbewusstsein folgende Fragen positiv beantworten kann

- Gewinne ich durch die Information einen Vorteil? Wird sie mich erfolgreicher machen? (für den Gewinner in Ihnen)
- Kann ich diese Information für meine Tricksammlung verwenden? Eignet sie sich, bestimmte Situationen abzusichern? (Für den Absicherer)
- Kann ich anderen mit der Information helfen? Kann mein Team davon profitieren? (Für den Einfühlsamen)
- Ist die Information neu und spannend? Ist sie erstaunlich oder verblüffend? (Für den Entdecker)

2.2.2 Wie lange soll der Lernvorgang dauern?

Die Einwirkungszeit beim Lernen ist eine weitere wichtige Komponente, welche Assoziationen verstärkt und die Sie nicht unterschätzen sollten. Wenn Sie sich eine Sache nur kurz anschauen, werden Sie sie vermutlich nicht im Gedächtnis behalten. Wenn Sie sich aber intensiv damit beschäftigen, Experimente machen und sie durchdenken, ist es deutlich wahrscheinlicher, dass Sie diese Sache auch im Gedächtnis behalten.

Gestatten Sie Ihrem Gehirn eine Aufwärmphase und erlauben Sie ihm, sich eine Zeit lang mit dem Lernstoff zu beschäftigen. Wenn Sie sich zum Beispiel die Formel zum Lösen von quadratischen Gleichungen merken wollen, also etwa Gl. (2.11), dann hilft es, wenn Sie einige Beispiele rechnen.

$$x_{1,2} = \frac{-b \pm \sqrt{b^2 - 4 \cdot a \cdot c}}{2 \cdot a} \qquad (2.11)$$

Beim Lernen von Sprachen tritt die unterstützende Kraft der Einwirkungszeit besonders augenscheinlich zu Tage. Wenn Sie in dem Land leben, dessen Sprache Sie lernen wollen und letztlich müssen, lernen Sie die Sprache mit deutlich weniger Mühe, als wenn Sie die Sprache in der Schule lernen würden. Neben anderen Faktoren ist die lange Einwirkungszeit hierfür maßgeblich verantwortlich.

2.2.3 Welche Rolle spielen Wiederholungen

„Repetitio est mater studiorum" – Wiederholung ist die Mutter des Lernens: Das sagten bereits die alten Römer. Und tatsächlich ist zeitlich gut gestaffelte Wiederholung sehr effektiv. Wenn Sie zum Beispiel Mühe haben, sich die Namen von Personen zu merken, die Sie gerade auf einer Party kennengelernt haben, versuchen Sie mal folgendes: Machen Sie es sich zur Gewohnheit, die Personen immer wieder anzuschauen und deren Namen im Geiste zu wiederholen. Nach etwa fünf bis sieben Wiederholungsrunden werden Sie sich an die Namen erinnern, zumindest für diesen Abend. Dabei ist sehr wichtig, dass Sie die Zeitabstände zwischen den Wiederholungsrunden stetig vergrößern. Wählen Sie also zum Beispiel zehn Sekunden, eine halbe Minute, zwei, fünf, zehn und 30 min. Denselben Trick können Sie beim Lernen von jedem Wissensstoff anwenden – allerdings mit etwas anderen Pausenzeiten. Wenn Sie zum Beispiel etwas in der Vorlesung gelernt haben, wiederholen Sie den Stoff am

Abend. Dann wiederholen Sie ihn am nächsten Tag, dann nach einer Woche und dann nach einem Monat.

Gemäß Tony Buzan, einem Gehirn- und Lernexperten, wird das Wissen nach diesen Wiederholungen in Ihr Langzeitgedächtnis gewandert sein, wenn Sie den Wissensstoff wirklich aktiv wiederholt haben. Das zuvor genannte Wiederholungsmuster kompensiert die in Abb. 2.2 dargestellte Vergessenskurve und ist dem empfohlenen Wiederholungsmuster aus Buzan (1991) ähnlich. Tony Buzan erläutert:

„Zu genau jenem Zeitpunkt, an dem der Lernvorgang abgeschlossen ist, hatte das Gehirn noch zu wenig Zeit, um die neu aufgenommenen Informationen zu bewerten und zu ordnen. Ganz besonders gilt dies für die zuletzt aufgenommenen Informationen. Es braucht einige Minuten,

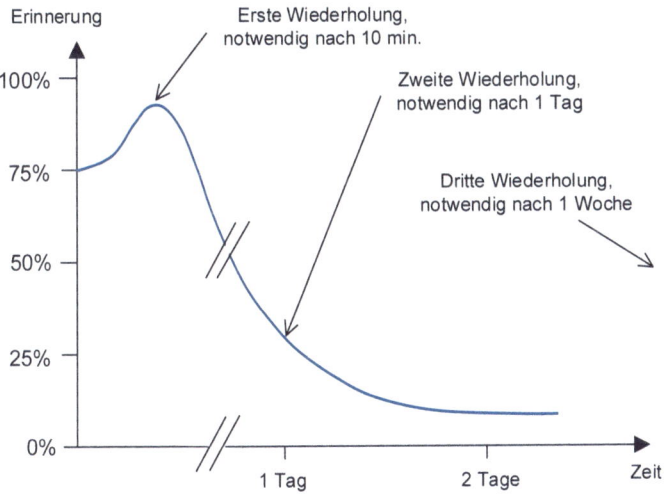

Abb. 2.2 Vergessenskurve nach Informationsaufnahme (Buzan 1991). Wiederholungen sollten nach größer werdenden Zeitintervallen stattfinden, wobei etwa sechs Wiederholungen insgesamt empfohlen werden

um dieses Ordnen abzuschließen und die Informationen sinnvoll zu vernetzen. Der Abfall der Erinnerungskurve, der auf den kleinen Anstieg folgt, ist von entmutigend steiler Natur – innerhalb von 24 Stunden sind mindestens 80% der während einer einstündigen Lernzeit gelernten Detailinformationen wieder verloren. Dieser gewaltige Abfall der erinnerten Informationen muss verhindert werden, und dies ist mit geeigneten Wiederholungstechniken möglich."

> **Wichtig** Innerhalb von 24 h vergessen Sie bis zu 80 % des Gelernten. Führen Sie also zeitlich gestaffelte Wiederholungsintervalle ein.

Andere Referenzen, zum Beispiel das renommierte Vokabellernprogramm „Phase6", empfiehlt sechs statt vier Wiederholungszeitpunkte oder „Phasen", wobei das zeitliche Muster {0, 1, 3, 9, 29, 90} verwendet wird. Die Einheit ist hierbei „Tage". Dabei enthält die erste Phase, also Tag 0, keine Wiederholung nach zehn Minuten, so wie sie Tony Buzan empfiehlt. Es gibt also offensichtlich etwas Variation in den Empfehlungen, aber das Prinzip der zunehmenden Intervalllängen bleibt immer gleich.

Machen Sie sich auch bewusst, dass es auch ein Zuviel des Guten gibt. Wenn Sie zu häufig wiederholen, langweilt sich Ihr Gehirn und arbeitet sehr ineffizient. Ihre Gedanken schweifen dann wegen mangelnder Konzentration leichter ab, und im Großen und Ganzen verschwenden Sie Ihre Zeit. Es ist demnach nicht sinnvoll, jeden Tag denselben Stoff zu wiederholen, also rate ich Ihnen davon ab.

2.3 Speichern einfacher Information

Ich habe schon erklärt, dass das Gehirn Assoziationen braucht, um Informationen abzuspeichern, und dass es letztere umso besser behält, je stärker die Assoziationen sind. Deswegen machen sich Gedächtniskünstler, die sich Hunderte von Zahlen in der richtigen Reihenfolge merken können, sogenannte Mnemotechniken zunutze – früher hätte man „Eselsbrücken" dazu gesagt. Dabei werden zum Beispiel den einzelnen Ziffern bestimmte Symbole zugeordnet, aus denen dann Geschichten konstruiert werden, um die Assoziationen zu den Zahlen zu verstärken. Ein Beispiel: Die Zahl 1 wird mit einem Leuchtturm assoziiert, die 2 mit einem Schwan und so weiter. Idealerweise hat das gewählte Symbol optische Ähnlichkeit mit der Ziffer. So könnte die Ziffer 9 mit dem Gesicht einer jungen Frau assoziiert werden, deren Frisur auf ihrer linken Seite lang (als Betrachter der Frau sehen Sie natürlich rechts die längeren Haare) und auf ihrer rechten Seite kurz ist.

Die Zahl 911 könnte dann mit folgender Geschichte assoziiert werden: Eine junge Frau mit besagter Frisur geht an die Küste und sieht dort zwei Leuchttürme, beide rechts von ihr, und sie überlegt, zu welchem der beiden Leuchttürme sie gehen soll.

Vermutlich werden Sie sagen, dass das eine reichlich merkwürdige Geschichte ist – und genauso muss es sein. Je ungewöhnlicher die Geschichte ist, umso leichter werden Sie sich die assoziierte Zahl oder Ziffernfolge merken. Diese Art von Mnemotechnik lässt sich auch für sehr lange Zahlenfolgen anwenden, wenn Sie zu jeder Ziffer ein einprägsames Bild haben und gut im Geschichtenkonstruieren sind.

Lassen Sie mich Ihnen eine andere Geschichte vorstellen, die Sie spaßeshalber Ihren Freunden erzählen können. Fordern Sie Ihre Freunde auf, sich die Geschichte zu merken und beobachten Sie, wie gut das funktioniert: Ein Zweibein sitzt auf einem Dreibein und isst ein Einbein. Da kommt ein Vierbein und will dem Zweibein das Einbein wegnehmen. Das Zweibein wehrt sich und wirft das Dreibein nach dem Vierbein. Können Sie die Geschichte spontan nacherzählen, ohne noch einmal nachzulesen? Das ist nicht einfach, wenn man diese Geschichte zum ersten Mal hört. Nun werde ich Ihnen dieselbe Geschichte mit stärkeren Assoziationen noch einmal erzählen: Ein Mann sitzt auf einem dreibeinigen Stuhl und isst einen Hühnchenschlegel. Da kommt ein Hund und versucht, dem Mann den Schlegel wegzunehmen. Der Mann wehrt sich und wirft den dreibeinigen Stuhl nach dem Hund.

Sie werden mir vermutlich zustimmen, dass Sie sich diese Geschichte viel leichter merken können – die zugehörigen Assoziationen sind einfach viel ausgeprägter.

Nun kommt die schlechte Nachricht: So nett, wie Mnemotechniken auch sind, zum Abspeichern von technisch-wissenschaftlichen Zusammenhängen eignen sie sich leider weniger. Sie fügen nämlich eine „Abstraktionsschicht" hinzu, einen gedanklichen Umweg zum Inhalt, der den normalerweise ohnehin komplexen technisch-wissenschaftlichen Zusammenhang noch komplexer macht. Benutzen Sie also Mnemotechniken nur für einfache Informationen, die keine naheliegenden Assoziationen aufweisen. Bei technisch-wissenschaftlichen Inhalten ist es in der Regel besser, die Lernprinzipien aus den vorigen Kapiteln zu nutzen.

2.4 Entspannen und erholen

Sie lernen am besten, wenn Sie entspannt sind. Wenn Sie aufgewühlt oder angespannt sind oder wenn Sie sich gerade gestritten haben, wird Ihnen das Lernen schwerfallen. Dann schaltet Ihr Körper auf „Flucht oder Kampf" und schüttet eine Menge der Stresshormone Adrenalin und Cortisol aus. Beide beeinträchtigen das Denkvermögen.

Wenn Sie also unter Stress stehen, ist es am besten, sich physisch zu betätigen, um die Hormone wieder abzubauen. Gönnen Sie sich mindestens 30 min körperliche Aktivität. Sie werden anschließend deutlich entspannter sein und viel effizienter lernen können. Idealerweise erreichen Sie beim Lernen dann einen Zustand, den Mihaly Csikszentmihalyi (Csikszentmihalyi 2008) als „Flow" bezeichnet. Das beschreibt jenen Zustand, bei dem Sie vollständig in der Aktivität aufgehen, der Sie gerade nachgehen. Die Zeit scheint nahezu stillzustehen. Ich bin mir sicher, dass Sie diesen Zustand schon erlebt haben.

Wenn Sie im „Flow" sind, können Sie stundenlang lernen – es sei denn, Ihr Körper meldet sich etwa nach einer Stunde, weil er aus der statischen Sitzposition befreit werden möchte. Geben Sie dieser Aufforderung nach und machen Sie eine Pause, die mindestens zwei Minuten dauern sollte. Die besser Wahl sind jedoch zehn bis 15 min.

Ich will Ihnen hier aber nicht empfehlen, nach der Uhr zu studieren. Ein besserer Ansatz ist, Arbeitspakete zu definieren und diese fertigzustellen. Idealerweise umfasst Ihre Pause wieder leichte physische Aktivität, zum Beispiel die faszienorientierten Dehnungen, wie in Abschn. 9.7 angesprochen. Es kann hier aber auch jede andere Tätigkeit sein, bei der Sie sich etwas bewegen, etwa leichte

Hausarbeiten. Ich selbst habe während meiner Prüfungsvorbereitungen gerne einige kurze Pausen und dann eine längere gemacht. In der längeren Pause bin ich gerne Joggen gegangen, oder ich habe das Lernen so organisiert, dass in der längeren Pause das Karatetraining in meinem Verein stattfinden konnte. Wenn Sie in der längeren Pause wenigstens 45 min Sport machen, werden Sie anschließen geistig wieder frisch sein, sodass Sie die nächste Runde in der Prüfungsvorbereitung absolvieren können.

Wichtig ist, dass die Tätigkeit in der Pause einen echten Ausgleich zum Lernen darstellt. Sie können Sport machen, sich mit Ihren Freunden oder Ihrer Familie unterhalten, Ihr Zimmer aufräumen, Besorgungen machen oder Ähnliches. Wichtig ist, dass Ihr Gehirn in der Pause entlastet ist und das eben Gelernte im Hintergrund reorganisieren kann.

Es wäre eine schlechte Idee, statt der Pause ein anderes Stoffgebiet lernen zu wollen. Ganz besonders ungünstig ist es, wenn dieses Stoffgebiet dem vorherigen ähnelt, also zum Beispiel Spanisch lernen, nachdem Sie Englisch gelernt haben.

> **Wichtig** Gestatten Sie Ihrem Gehirn, sich zu reorganisieren und das Gelernte zu verarbeiten. Am besten reorganisiert sich das Gehirn im Schlaf.

Fernsehen oder Videospiele spielen ist ebenfalls sehr ungünstig, da diese Aktivitäten für das Gehirn Stress bedeuten, auch wenn Sie glauben, Sie würden sich dabei entspannen. Ihr Gehirn und Ihre Aufmerksamkeit werden dabei so sehr in Anspruch genommen, dass viel zu wenig Kapazität bleibt, um das zuvor Gelernte zu verarbeiten.

Am besten reorganisiert sich das Gehirn übrigens im Schlaf. Daher ist Studieren am Abend meist sehr effektiv, besonders wenn Sie bald darauf schlafen gehen.

3
Unterstützende Maßnahmen

„Für jede Minute, die man dem Organisieren widmet, gewinnt man eine Stunde"

(Benjamin Franklin)

In den folgenden Kapiteln möchte ich Ihnen verschiedene Voraussetzungen und organisatorische Aspekte nahebringen, die für effizientes Studieren unerlässlich sind. Wenn Sie die nachfolgenden Hinweise umsetzen, werden Sie weniger Zeit verschwenden und damit mehr Zeit übrig haben, sowohl für Ihr Studium als auch für Entspannung, Sport und Ihr soziales Leben. Die folgenden Prinzipien werden Ihnen nicht nur das Studium, sondern auch die Arbeit in Ihrem späteren Berufsleben deutlich erleichtern.

3.1 Information ordnen

Information strukturiert zu organisieren, ist ganz entscheidend für Ihr Studium. Sie werden so viele Fächer und Stoffgebiete lernen müssen, dass Sie unweigerlich eine Menge an Information vergessen werden. Daher ist es sehr wichtig, dass Sie die vergessene Information leicht wiederfinden können.

3.1.1 Informationen verdichten

Wenn Sie sich ein Stoffgebiet erarbeitet und es ganz verstanden haben, hilft es, wenn Sie die wesentlichen Inhalte und Erkenntnisse in einer Zusammenfassung verdichten. Diese sollten Sie unbedingt selbst erstellen. Sie kann bereits während der Vorlesungszeit oder aber erst während der Prüfungsvorbereitung entstehen. Darin sollte alles stehen, was Sie als wichtig erkannt haben: Da sich sowohl das Hintergrundwissen als auch die Vorlieben, was die Informationsdarstellung betrifft, von Mensch zu Mensch unterscheiden können, wird auch die Zusammenfassung eines Stoffgebietes individuell sein. Manche Einsichten, die für Sie ganz entscheidend sind, sind möglicherweise für jemand anderen nicht im selben Maße erwähnenswert.

> **Wichtig** Sie sollten unbedingt selbst der Autor der Zusammenfassung von wichtigen Stoffgebieten sein.

In der Zusammenfassung sollten Sie auch alle Literaturstellen angeben, die Sie möglicherweise später noch einmal durchsehen wollen. Auch diese Literaturstellen werden sich unter Umständen, aber zumindest teilweise, von jenen unterscheiden, die Ihre Mitstudenten wählen. Dies ist, wie schon erwähnt, deswegen so, weil sich Wissenshintergrund und Lernvorlieben individuell unterscheiden können. Es liegt nahe und es ist auch zu empfehlen, dass die Zusammenfassungen elektronisch gespeichert sind – ganz einfach deswegen, weil die Suchmöglichkeiten auf Computern natürlich viel leistungsfähiger sind als jene auf Papier. Gegenüber früheren Zeiten, wo Suchen und Finden viel eingeschränkter war, ist dies ein gewaltiger Vorteil.

3.1.2 Archivierung

Auch wenn es auf Ihrem Rechner oder Tablet gute Suchalgorithmen gibt und Datenbanken im Wiki-Stil verfügbar sind, lohnt es sich, ein gut organisiertes Archivierungssystem aufzubauen. Sie erinnern sich nämlich nicht nur über Suchbegriffe an Inhalte, sondern auch über zeitliche Ereignisse oder einfach die logische Struktur, in der die Information vorliegt.

Abb. 3.1 zeigt zwei Beispiele, die sich bewährt haben, wenn es um die Namensgebung von Verzeichnissen geht. In Beispiel 1 ist die Information nach Inhalt geordnet. Der Inhalt selbst ist nach dessen inhärenter Struktur geordnet und nicht notwendigerweise alphabetisch. Diese Art Archivierung eignet sich gut, wenn Sie Inhalte zum Beispiel nach der Detaillierung eines Wissensgebietes gliedern wollen.

Andere Informationstypen sind wiederum vorzugsweise nach Datum geordnet, wie in Beispiel 2 zu sehen ist. So archivieren Sie am besten, wenn das Datum für die Information eine gewisse Rolle spielt, zum Beispiel bei Vorträgen, Besprechungen oder anderen Ereignissen: Bei vielen Vorkommnissen werden Sie sich an den ungefähren

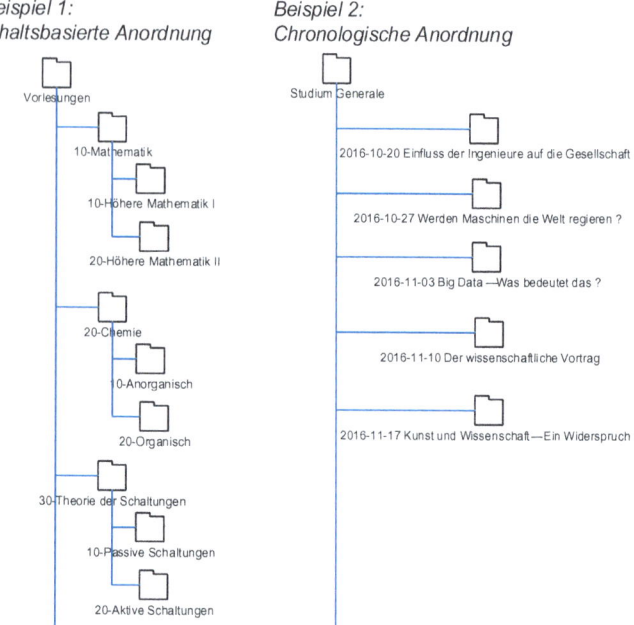

Abb. 3.1 Zwei Beispiele für Archivierung, die ein anderes Ordnungskriterium als die alphabetische Reihenfolge verwenden

Zeitraum erinnern, wann diese stattgefunden haben, sodass Sie Ihre Suche nach den eigentlichen Inhalten sehr schnell eingrenzen können. Die chronologische Art der Archivierung ist übrigens auch sehr gut geeignet, um etwa Ihre Fotosammlung auf dem Rechner zu ordnen.

3.2 Zeit organisieren

Zeitorganisation ist schon lange ein Thema, welches hoch gehandelt wird, und dies hat sich bis heute nicht geändert. Eines der bekanntesten Bücher zu Zeitorganisation oder neudeutsch „Time Management" ist *„Wie ich die Dinge* *geregelt kriege: Selbstmanagement für den Alltag"* (Allen 2015). Die Hauptzielgruppe für Zeitorganisationstechniken sind Menschen, die von verschiedensten Aufgaben mit konkurrierenden Prioritäten regelrecht überschwemmt werden. Diese Aufgaben sind in eine machbare Agenda zu überführen. Typische Repräsentanten dieser Personengruppe sind Projektleiter, Manager und Firmenlenker, die viele Aufgaben und Personen gleichzeitig betreuen müssen. Wenn Sie Naturwissenschaften, Ingenieurswesen oder ein anderes MINT-Fach studieren, ist letzteres hoffentlich nicht der Fall. Aber selbst wenn Sie das Glück haben, dass Sie außer Ihrem Studium kaum Verpflichtungen haben, können Sie von einigen Erkenntnissen aus dem Time Management profitieren.

Die Grundidee beim Time Management ist, jede Aufgabe mit hoher Qualität und gleichzeitig hoher Intensität zu bearbeiten, sodass am Ende mehr Zeit für Entspannung und Freizeitaktivitäten übrigbleibt. Um diese hochintensive Arbeit effizient organisieren zu können, ist es sehr wichtig, den tatsächlichen Bearbeitungsaufwand so genau wie möglich abzuschätzen. Sie benötigen außerdem zwei andere Hilfsmittel: eine Aufgabenliste und einen Kalender.

3.2.1 Führen einer Aufgabenliste

Sie sollten immer eine Aufgabenliste mit sich führen, am besten auf Ihrem Smartphone, aber Sie können natürlich auch ein anderes Medium nutzen. Immer wenn sich eine neue Aufgabe stellt, die Sie erledigen müssen – etwa ein Treffen mit einer anderen Person, das Bezahlen einer Rechnung, der Besuch eines Seminars, von dem Sie gerade erfahren haben etc. –, dann notieren Sie dies zunächst in Ihrer Aufgabenliste. Damit entlasten Sie Ihr Gedächtnis, welches dann Dinge, die nach einigen Tagen ohnehin vorbei sind, nicht abspeichern muss.

> **Wichtig** Übertragen Sie jeden Tag die Aufgaben, die Sie am Vortag notiert haben, in Ihren Kalender.

Zu Beginn eines Tages übertragen Sie dann die Aufgaben, die Sie am Vortag notiert haben, in Ihren Kalender und positionieren sie an jene Zeitpunkte, zu denen Sie die Aufgaben auch erledigen können. Dann löschen Sie die alten Aufgaben aus der Aufgabenliste, die nun für neue Aufgabeneinträge bereit ist.

3.2.2 Führen eines Kalenders

Während die Aufgabenliste lediglich dazu da ist, dass Sie die Aufgaben nicht vergessen, dient Ihr Kalender als das eigentliche Planungswerkzeug. Es wird Aufgaben geben, die Sie schon lange im Voraus wissen, lange bevor die Erledigung akut wird. Dazu gehört Ihr Stundenplan, die Prüfungstermine, wann Ihr Fahrzeug zum TÜV muss, die Zeit Ihres Urlaubs, ein Konzert, für welches Sie Karten besorgt haben und so weiter. Dann wiederum gibt es Aufgaben, die mehr oder weniger unerwartet auftauchen. Die meisten davon werden von Ihrer Aufgabenliste stammen, die Sie täglich in den Kalender überführen.

Um den Überblick zu behalten, was Sie wann erledigen und wieviel Zeit Sie dafür veranschlagen müssen, müssen Sie den Kalender immer aktuell halten. Dabei ist wichtig, dass Sie zu jeder Aufgabe realistisch abschätzen, wieviel Zeit Sie zur Erledigung brauchen. Für manche Dinge ist dies sehr einfach, zum Beispiel für Ihre Vorlesungen: Der Zeitaufwand ist vorgegeben. Andere Aufgaben wiederum, etwa die Prüfungsvorbereitung für ein bestimmtes Fach, hängen stark von Ihren Voraussetzungen ab. Gerade solche länger dauernden Aufgaben planen Sie am besten vom

Erfüllungsdatum her rückwärts. Angenommen, Sie haben eine Klausur in höherer Mathematik am 10. Mai, und Sie benötigen hierfür nach Ihrer Erfahrung zwei Wochen Vorbereitung, dann planen Sie unbedingt noch etwa 30 % Zeitpuffer ein, sodass Sie also 18 statt 14 Tage Vorbereitungszeit veranschlagen. Demnach müssten Sie am 22. April beginnen, sich vorzubereiten. Gerade bei länger dauernden Aufgaben sollten Sie immer Zeitpuffer einplanen, denn ich kann Ihnen versichern: Es kommt öfter etwas dazwischen, als Sie vielleicht annehmen. In solchen Fällen werden Sie froh sein, den Puffer zu haben.

Achten Sie beim Planen auch darauf, dass Sie immer nur eine Sache zu einer Zeit tun. Für kleine Aufgaben empfehle ich das Vorgehen von Newport (Newport 2006): Fassen Sie kleine Aufgaben wie den Anruf beim Installateur, das Bezahlen von Rechnungen, das Einkaufen von Lebensmitteln, Staubsaugen Ihres Zimmers, und so weiter in einen Aufgabenblock, den Sie zum Beispiel „Verschiedenes" nennen. Die Aufgaben aus diesem Block erledigen Sie dann nacheinander am Stück.

Sie können die Planung weiter optimieren, indem Sie schwierige Aufgaben in Zeitfenstern unterbringen, von denen Sie wissen, dass Sie am aufnahmefähigsten sind oder sich am besten konzentrieren können. Bei mir war das zum Beispiel immer morgens nach dem Frühstück, spät abends oder nach dem Sport der Fall. Gerade während der Prüfungsvorbereitung habe ich immer besonders viel Sport getrieben, um „das Gehirn durchzulüften". Danach war ich wieder frisch und bereit für die nächste Prüfungsvorbereitungsrunde.

Insbesondere wenn Sie Ingenieurswesen studieren, werden Sie eine hohe Arbeitslast zu bewältigen haben. Trotzdem bin ich der gleichen Ansicht wie Newport (Newport 2006), dass es nicht sinnvoll ist, endlos zu rackern, bis Sie „auf dem Zahnfleisch" daherkommen.

Nicht die investierte Zeit an sich, sondern die Qualität Ihres Lerneinsatzes entscheidet. Mein Rat lautet daher: Arbeiten Sie so häufig wie möglich, so konzentriert wie möglich und so frisch und ausgeruht wie möglich. Das „Zen des Lernens" bedeutet, dass Sie alles, was Sie tun, zu 100 % tun sollten, ohne sich ablenken zu lassen oder schon an die nächste Aufgabe zu denken. Das gilt sowohl für das eigentliche Lernen wie auch für Freizeitaktivitäten. Wenn Sie lernen, lernen Sie, und wenn Sie Freizeit haben, dann genießen Sie diese auch voll und ganz ohne Schuldgefühle. So vorzugehen, ist am effizientesten und auch am befriedigendsten.

Die beschriebenen Planungsaktivitäten empfehle ich, wenn überhaupt, dann nur in bescheidenem Maße auf Ihre Freizeit anzuwenden. Natürlich werden Sie ein vereinbartes Tennisspiel oder einen gemeinsamen Kinobesuch in den Planungskalender eintragen. Sie sollten sich aber nicht dazu verleiten lassen, Ihre Freizeit „durchzuplanen", sodass jede freie Zeit „genutzt" wird. Lassen Sie genügend Raum für Dinge, die zeitlich ein offenes Ende haben. Sie brauchen immer wieder auch ein Gefühl der zeitlichen Freiheit, in der nicht jede Aktivität durchstrukturiert ist. Dies sind die Oasen, in denen Sie ohne jeden Leistungsdruck tun und lassen können, wonach Ihnen der Sinn steht.

3.2.3 Weniger Aufgaben verschieben

Nicht alle Aufgaben, die Sie zu erledigen haben, machen Spaß. Sie kennen das sicher: Gerade, wenn solche Aufgaben besonders unangenehm sind, ist die Versuchung groß, sie zu verschieben. Ihnen fallen dann alle möglichen Ausreden ein, warum Sie die Aufgabe gerade jetzt nicht angehen können. Ich selbst bin da keine Ausnahme.

Was mir dann hilft, ist eine Abarbeitungsliste, in der jeder Teilschritt der (anstrengenden) Aufgabe aufgeschrieben ist. Nach Erledigung eines jeden Teilschritts wird dieser dann auf der Liste abgehakt. Unsere Psyche mag solche „Erledigungshäkchen", man hat das Gefühl, etwas geschafft zu haben, und sieht das auch plastisch vor sich. Und man sieht, dass die Zahl der zu erledigenden Teilschritte immer weniger wird. In meinen Prüfungsvorbereitungen habe ich immer mit solchen Abarbeitungslisten gearbeitet. Statt eines Häkchens habe ich die erledigten Teilschritte, zum Beispiel das Rechnen einer Aufgabe zu einem bestimmten Thema, dann mit einem Textmarker auf der Liste gelb markiert, sodass die Liste mit steigendem Arbeitsfortschritt immer „gelber" wurde. Da ich Aufgaben nach einer gewissen Zeit noch einmal gerechnet habe, habe ich die Farbe nach dem zweiten Rechnen gewechselt und auf „orange" umgeschaltet. Achten Sie darauf, dass eine gerechnete Aufgabe nur dann markiert werden darf, wenn Sie einigermaßen fehlerfrei gerechnet wurde. Wenn Sie gar keine Ahnung haben, wie sie die Aufgabe angehen müssen und dann die Lösung anschauen, ist diese Aufgabe nicht bereit für die „Gelb"-Markierung … Erst wenn Sie selbst die Rechnung ohne nachzuschauen im Wesentlichen lösen können, dürfen Sie das Erledigt-Zeichen setzen.

> **Wichtig** Erstellen Sie sich eine Abarbeitungsliste und haken Sie geleistete Arbeit ab. Ihre Psyche freut sich über „Erledigungshäkchen".

Der Einsatz von Abarbeitungslisten wird ebenfalls in „How to Become a Straight-A Student" (Newport 2006) empfohlen, und auch im Profi-Bereich der Software-Entwicklung sind ähnliche Arten der laufenden Statuserfassung schon seit Langem etabliert. In SCRUM, einer modernen

Vorgehensweise der agilen Software-Entwicklung, werden sogenannte *burn down charts* angewandt. Diese stellen einen Graphen dar, der den Prozentsatz der noch zu leistenden Arbeit über der Zeit darstellt. Diese Graphen sehen in etwa wie fallende Aktienkurse aus: Wenn die Kurve unten angekommen ist, ist alle Arbeit erledigt. In der Software-Entwicklung kann sich die Kurve zwischenzeitlich auch wieder nach oben bewegen – nämlich dann, wenn unerwartete Aufgaben dazukommen. Aber der Trend geht permanent nach unten. Ich selbst arbeite lieber mit *completion charts,* also Fertigstellungsgraphen. Diese zeigen die bereits erledigte Arbeit an und gehen daher tendenziell nach oben. Ein steigender „Aktienkurs" sieht für meinen Geschmack einfach motivierender aus. Wenn Sie gerne mit einer Tabellenkalkulationssoftware wie Excel, Calc oder Numbers arbeiten, so wie ich das gerne mache, können Sie Ihre Abarbeitungsliste mit einem solchen Programm realisieren und sich selbst die entsprechenden Grafiken erzeugen.

3.2.4 Langsam vorgehen, wenn die Zeit knapp ist

Eine weitere wichtige Arbeitsregel ist, stets angenehm schnell zu arbeiten und niemals hektisch zu werden. Denken Sie die zu erledigenden Aufgaben genau durch und gehen Sie Schritt für Schritt vor. Als Metapher nehme ich hier gerne den Bergsteiger, der Schritt für Schritt nach oben steigt und jeden Schritt über Prüfen des Tritts, des Griffs und Befestigung von Haken absichert. So vorzugehen, kommt Ihnen sehr zugute, wenn Sie zum Beispiel ein langwieriges Experiment oder eine Messung durchführen müssen. Wenn Sie zu schnell vorgehen, weil Sie „endlich fertigwerden" wollen, ist die Gefahr recht groß, dass Sie einen Fehler machen und das ganze Experiment noch einmal durchführen müssen. Auch wenn es schwerfällt, widerstehen Sie der Versuchung, solche Dinge einfach nur schnell erledigen zu wollen. Auch im industriellen Umfeld hat sich die etwas langsamere, aber gewissenhaftere Vorgehensweise, bei welcher auch die Zwischenresultate überprüft werden, fast überall etabliert. Man macht dies, um sogenannte *first-time-right designs* zu erzielen, da sich so enorme Entwicklungskosten einsparen lassen. Es lohnt sich also, wenn Sie sich eine entsprechende Arbeitsweise bereits im Studium angewöhnen. Damit werden Sie nicht nur im Studium Zeit sparen, sondern Sie können diese Arbeitsweise auch in Ihrem späteren beruflichen Umfeld gewinnbringend einsetzen – ob jetzt in der Industrie oder im Forschungsbereich.

3.3 Priorisieren von Aufgaben

Wenn Sie viele Verpflichtungen und Aufgaben haben, kann es vorkommen, dass Sie nicht entscheiden können, womit Sie anfangen sollen und in welcher Reihenfolge Sie die weiteren Aufgaben angehen sollten. Dann kann Ihnen möglicherweise die „Eisenhower-Matrix" helfen. Es handelt sich hier um eine 2×2-Matrix, die auf den 34. Präsidenten der USA, Dwight Eisenhower, zurückgeht und mit der Sie Ihre Verpflichtungen priorisieren können. Die Matrix umfasst die vier Kategorien „wichtig", „unwichtig", „dringend" und „nicht dringend", und ist beispielhaft in Abb. 3.2 dargestellt. Versuchen Sie, Ihre Aufgaben gemäß den genannten Kategorien einzuteilen. Beispielsweise ist die Vorbereitung für Ihre nächste Klausur definitiv wichtig, aber hoffentlich nicht dringend! Falls sie es dennoch ist, haben Sie zu spät damit angefangen. Wichtige, aber nicht dringende

	Dringend	Nicht dringend
Wichtig	• Sofort zu bearbeiten • Bei mehr als einer Aufgabe eine nach der anderen bearbeiten bis zum Abschluss	• Passenden Endtermin finden • Aufwand abschätzen • Datum bestimmen, wann begonnen werden soll
Nicht wichtig	• Aufgabe delegieren, wenn möglich	• Aufgabe nicht bearbeiten

Abb. 3.2 Prioritätsmatrix nach dem ehemaligen U.S.-Präsidenten Dwight Eisenhower

Aufgaben werden in die rechte obere Zelle der Matrix einsortiert. Aufgaben, die sowohl dringend als auch wichtig sind – etwa Rechnungen zu bezahlen, Verträge rechtzeitig zu kündigen oder ein Geschenk für den Gastgeber der Party am nächsten Wochenende zu kaufen –, gehören in die Zelle oben links. Dringende Aufgaben, die gleichzeitig wichtig sind, sollten keinen großen Aufwand bedeuten, sodass diese problemlos rechtzeitig erledigt werden können. Sollten sich links oben sehr aufwändige Aufgaben einfinden, haben Sie möglicherweise ein Machbarkeitsproblem. Versuchen Sie, dies durch gute Planung auf jeden Fall zu vermeiden. Ihre To-Do-Liste und Ihr Kalender helfen Ihnen dabei. Aufgaben, die lediglich dringend, aber nicht wichtig sind, erledigt am besten jemand anderer als Sie. Dazu müssen Sie die Aufgabe natürlich delegieren können. Vielleicht können Sie einen Freund davon überzeugen, zum Beispiel eine Eintrittskarte für Sie zu besorgen, wenn der Freund sich ohnehin selbst eine Karte kaufen wollte. Wenn Sie dringende, aber unwichtige Aufgaben nicht delegieren können, lassen Sie sie einfach sein. Etwas, das weder wichtig noch dringend ist, zum Beispiel, bei einem Preisausschreiben mitzumachen, sollte sofort verworfen werden, damit es Ihnen nicht unnötig Zeit stiehlt.

Ein Wort der Vorsicht ist allerdings angebracht: Unterschätzen Sie bitte nicht den entspannenden Effekt von einfachen Aufgaben wie Aufräumen, den Gehweg kehren, Geschirr spülen und so weiter. Sie können nicht immer mit 100 % Einsatz arbeiten, Sie brauchen auch ruhigere Phasen. Unter diesem Blickwinkel können scheinbar unwichtige und wenig dringende Aufgaben doch wichtig werden.

3.4 Mitschreiben in der Vorlesung

Wenn Sie in der Vorlesung sind, empfehle ich Ihnen unbedingt, mitzuschreiben. Zum einen werden mit Sicherheit wichtige Dinge erwähnt werden, die nicht im Skript stehen, welches Sie vielleicht zu Semesterbeginn erhalten haben. Diese verbalen Hinweise können für Ihr Verständnis der Materie sehr wichtig sein – abhängig von den Wissenslücken, die Sie haben. Diese Lücken sind allgemein von Student zu Student unterschiedlich, sodass Sie vermutlich andere Dinge aufschreiben werden als Ihre Kommilitonen.

> **Wichtig** Mitschreiben in der Vorlesung hilft, aufmerksam zu bleiben und die gehörten Informationen abzuspeichern.

Mitschreiben hilft vor allem dann, wenn Sie einen Stift zum Mitschreiben verwenden und nicht mit der Tastatur eines Computers arbeiten. Das hat mit dem Aufbau des Gehirns zu tun (Spitzer 2014): Die Koordination der Finger und Hände ist eines der entscheidenden Elemente für die frühe Gehirnentwicklung bei Kindern und dient als Grundlage für komplexere kognitiven Fähigkeiten. Nicht umsonst bedeutet das deutsche Wort „begreifen", dass man etwas versteht. Kinder erfassen ihre Umgebung, indem sie Dinge anfassen, berühren, die Dinge aus verschiedenen Blickwinkeln betrachten und untersuchen. Diese Basis für das Verstehen von Zusammenhängen wirkt ein Leben lang im Menschen nach. Nutzen Sie diesen Effekt und verstärken Sie Ihr Lernerlebnis, in dem Sie aktiv daran teilnehmen und mitschreiben.

Newport empfiehlt, einen Laptop mitzubringen und auf der Tastatur zu schreiben, da man so deutlich schneller schreiben kann als per Hand mit einem Stift (Newport 2006). Das ist sicher richtig, wenn man das Zehn-Finger-System beherrscht. Im Falle von technischen Sachverhalten muss man aber auch sehr viel zeichnen, wofür sich der Computer wiederum weniger gut eignet. Wenn das Skript als pdf-Datei vorliegt kann ein Tablet-Computer vorteilhaft sein. Zusammen mit einer geeigneten App wie Notability® oder GoodReader® und einem elektronischen Stift kann dies ein guter Ersatz zu „Papier und Bleistift" sein, da man die Ergebnisse auch gleich in elektronischem Format vorliegen hat. Persönlich nutze ich nach wie vor gerne einen Bleistift oder Kugelschreiber und Papier, da ich damit insgesamt deutlich schneller und präziser bin, vor allem wenn ich Skizzen machen muss. Ich nutze dann, zum Beispiel auf Konferenzen, einen DIN-A-5-Block mit kariertem Papier und kann so recht schnell und effizient Informationen oder Erkenntnisse festhalten. Es ist so auch sehr einfach, mit unterschiedlichen Schriftgrößen zu arbeiten oder auch schräg und kurvig Eintragungen zu machen, etwa wenn gerade der Platz auf dem Papier ausgeht und ich dennoch alles auf einer Seite darstellen will. Zu Hause beziehungsweise im Hotelzimmer übertrage ich dann den Mitschrieb auf ein elektronisches Medium, meistens meinen Laptop, da ich tatsächlich damit sehr schnell schreiben kann. Zeichnungen verwerte ich als Screenshots oder zeichne sie mit einem geeigneten Werkzeug. Diese Nachbearbeitung und Verschönerung führen zu einer automatischen Wiederholung, so dass ich mir die Inhalte deutlich besser merken kann.

Sie müssen damit rechnen, dass Sie in Vorlesungen öfters „abgehängt" werden und nach einiger Zeit nicht mehr verstehen, was vorgetragen wird. Bei der Geschwindigkeit der Wissensvermittlung und Komplexität der Inhalte ist dies nicht ungewöhnlich. Professoren schreiten oft sehr rasch voran und sehen es als selbstverständlich an, dass Sie nach den ersten einfachen Beispielen auch die schwierigeren und allgemeineren Zusammenhänge verstehen. Das ist leider oft nicht der Fall. Die Einwirkungszeit und Vertrautheit mit dem Thema sind für Sie einfach zu gering. Wenn Sie an einem solchen Punkt sind, was durchaus häufiger passieren kann (mir selbst ist es tatsächlich regelmäßig passiert), dann konzentrieren Sie sich darauf, jene Inhalte und Hinweise mitzuschreiben, die nicht im Skript stehen, selbst wenn Sie die Inhalte nicht verstehen. Diese zusätzlichen Inhalte wie Rechenschritte, Gleichungen, Anmerkungen, Skizzen, Hinweise und so weiter können sehr hilfreich sein, wenn Sie das Material später zur Wiederholung sichten. Achten Sie auch darauf, Ihre Notizen am selben Tag, oder noch besser einige Minuten nach der Vorlesung, noch einmal kurz durchzugehen (denken Sie an die Buzan'sche Vergessenskurve aus Abb. 2.2). Es wird Dinge geben, an die Sie sich erinnern, die Sie aber vergessen haben, aufzuschreiben. Wenn Sie mehr als einen Tag warten, werden Sie diese Erinnerungsfragmente sehr wahrscheinlich bereits vergessen haben.

3.5 Was eigene Anmerkungen nutzen

Scheuen Sie sich nicht davor, Veröffentlichungen, Skripte und Bücher (natürlich nur solche, die Ihnen selbst gehören) mit Ihren eigenen Kommentaren zu auszustatten. Anfangs erschienen mir Bücher derart makellos und wertvoll, dass ich mich nicht traute, dort meine eigenen Kommentare hineinzuschreiben. Ich fand jedoch recht schnell heraus, dass es viel hilfreicher ist, wenn Bücher aussehen, wie jenes aus „Harry Potter und der Halbblut-Prinz": übersät mit Anmerkungen, Richtigstellungen, Unterstreichungen und Kommentaren, die meine ganz speziellen Verständnislücken füllten. Und, wie Sie schon wissen, hilft der Vorgang des Schreibens zusätzlich beim Abspeichern der Information im Gehirn.

3.6 Suchmaschinen verwenden

Es ist eine gute Angewohnheit, das Internet nach Skripten oder Tutorials anderer Universitäten oder Hochschulen zu durchsuchen, welche ein bestimmtes Thema möglicherweise für Sie besser darstellen und erklären, als es das Skript Ihrer eigenen Universität oder Hochschule tut. Sie werden sehen, dass es immer wieder Perlen der Erklärung gibt, die entscheidend für Ihr Verständnis der Materie sind. Machen Sie sich diese fantastische Wissensdatenbank des Internets zunutze, und verbringen Sie etwas Zeit mit Stöbern!

3.7 Die Macht des Unterbewusstseins nutzen

Wenn Sie ein besonders schwieriges Problem lösen müssen, zum Beispiel für eine Übungsaufgabe oder eine Seminararbeit, kann es helfen, sich für eine halbe Stunde intensiv mit dem Problem auseinanderzusetzen und hartnäckig zu versuchen, die Aufgabe zu lösen. Danach hören Sie auf, darüber nachzudenken, und machen etwas völlig anderes. Ihr Unterbewusstsein wird für Sie an der Sache weiterarbeiten. Mein Doktorvater sagte einst zu mir: „Wenn Sie ein Problem nicht lösen können, obwohl Sie es sehr intensiv versucht haben, machen Sie am besten einen Spaziergang." Auch Albert Einstein und der Apple-Mitgründer Steve Jobs sind ausgiebig spazieren gegangen, um die durch eine Aufgabenstellung erzeugte Anspannung zu lösen.

> **Wichtig** Ein schwieriges Problem muss im Gehirn reifen, bevor es gelöst werden kann. Beschäftigen Sie sich daher intensiv mit dem Problem und lassen es dann eine Zeit lang ruhen.

Lassen Sie das Problem einfach liegen, und wenn Sie gelegentlich daran denken, versuchen Sie nicht erneut, „die Nuss zu knacken", sondern lassen Sie die Gedanken einfach weiterziehen. Es kommt häufig vor, dass Ihr Unterbewusstsein irgendwann plötzlich eine Idee präsentiert, die Ihnen hilft, mit dem Problem weiterzukommen. Wenn Sie die Grundlagen zu dessen Lösung beherrschen, ist diese Methode oft deutlich effektiver, als wenn Sie das Problem die ganze Zeit vergeblich „bebrüten". Natürlich gibt es für den Erfolg keine

Garantie. Aber die Chance, dass Ihr Unterbewusstsein mit einer guten Idee aufwartet und Ihnen weiterhilft, ist so deutlich besser, als wenn Sie ständig unter Anspannung nachdenken. Denn offensichtlich muss ein schwieriges Problem erst einen Reifungsprozess im Gehirn durchlaufen, bevor das Problem gelöst werden kann.

Das Unterbewusstsein kann noch auf andere Weise helfen: wenn Sie sehr sauber, lesbar, ordentlich und präzise schreiben und formulieren, werden auch Ihre Gedanken klarer und präziser. Schreiben Sie dabei lieber etwas kleiner als normal. All das fördert Ihre Konzentration. Erfassen Sie alle gegebenen Daten, auch jene, die zum Beispiel im Text einer Aufgabe versteckt sind. Es kommt immer wieder vor, dass entscheidende Informationen absichtlich in Aufgabentexte verwoben werden, statt sie explizit zu nennen. Dies macht die Aufgabe schwieriger und zwingt Sie dazu, detektivisch zu arbeiten, sodass Sie nichts übersehen. Manche Prüfer wollen genau das von Ihnen sehen, da es später in der Praxis auch häufig darauf ankommt, genau hinzuhören und hinzusehen. Wenn Sie diese versteckten Informationen identifiziert haben, schreiben Sie diese ausdrücklich und an geeigneter Stelle hin, nämlich bei „gegebene Größen". Ihre Art, zu schreiben und die Aufgabenstellungen zu strukturieren, beeinflusst Ihre Denkweise!

Wenn Sie Skizzen anfertigen, was oft dabei hilft, eine Aufgabenstellung geistig zu durchdringen, zeichnen Sie ordentlich. Schreiben Sie alle Daten, Funktionsnamen, Achsenbezeichnungen, Einheiten und so weiter explizit dazu. Vor allem, wenn Sie noch ungeübt sind, verwenden Sie besser ein Lineal, statt gerade Linien freihändig zu zeichnen. Dies hilft Ihnen dabei, präzise und akkurat zu denken. Versuchen Sie erst, den Lösungsweg zu skizzieren, bevor Sie beginnen zu rechnen. Beim Programmieren schreiben Sie erst die Kommentare für die wesentlichen

Schritte, bevor Sie mit dem Codieren anfangen: Sie müssen erst „den Weg zum Ziel sehen", bevor Sie den Weg auch gehen können.

Solche Feinheiten des Arbeitens sind natürlich keine Wunderdroge, aber sie können den Unterschied zwischen Erfolg und Misserfolg ausmachen, vor allem in stressreichen Situationen wie etwa Prüfungen.

3.8 Den Elefanten zerteilen

Gelegentlich werden Sie regelrecht gehemmt sein, eine bestimmte Aufgabe anzupacken, weil diese so unermesslich groß erscheint. Sie sind dann möglicherweise gleich zu Beginn frustriert, weil Sie sich nicht vorstellen können, wie Sie jemals zum Erfolg kommen können. Ihr Unterbewusstsein kann das Gefühl, besiegt zu werden oder unterlegen zu sein, nicht ausstehen. Hier ist der „Gewinner" im limbischen System aktiv – allerdings in negativer Weise. Daher fallen Ihnen alle möglichen Ausreden ein, nur um nicht in den Angriffsmodus gehen zu müssen und die Aufgabe zu bearbeiten, denn es könnte ja sein, dass Sie versagen, und das will der „Gewinner" in Ihnen verhindern.

> **Wichtig** Wenn eine Aufgabe zu umfangreich ist, um sie zu auf einmal zu lösen, zerteilen Sie diese in mehrere kleine Aufgaben.

In einem solchen Fall sollten Sie die „Teile-und-herrsche"-Strategie anwenden, auch „Den Elefanten zerteilen" genannt. Selbst die Profis im industriellen Umfeld kennen das mulmige Gefühl, einer nahezu unbezwingbaren Aufgabe gegenüberzustehen. Bei der besagten Strategie zerteilt man die Aufgabe in mehrere kleine Aufgaben und löst jede nacheinander für sich. Natürlich sollten diese kleineren Aufgaben einer logischen Struktur und einem passenden zeitlichen Ablauf folgen. Machen Sie sich letztlich einen Plan, wie Sie die Aufgabe häppchenweise bewältigen, wobei jedes Häppchen bereits ein Erfolg ist.

Ein Motivationstrainer und Langstreckenläufer, der einst ein Seminar in unserer Firma abgehalten hat, berichtete unter anderem von den mentalen Herausforderungen, die Langstreckenläufer meistern müssen, wenn Sie vor einer Strecke stehen, die mehrere Hundert Kilometer beträgt. Er berichtete von seinem Gespräch mit dem Gewinner eines dieser extremen Langstreckenläufe. Er hatte den Gewinner gefragt, wie er mit dem extremen und zehrenden Druck umgehe, den diese unmenschlichen Strecken dem Geist und Körper abverlangen. Die Antwort: „Ich laufe einfach Meile für Meile. Nach jeder Meile freue ich mich, dass ich sie geschafft habe, und nehme mir dann die nächste Meile vor." Besser kann man „den Elefanten nicht zerteilen".

3.9 Aus grausig mach hipp

Diese Methode stammt von Newport (Newport 2006). Ich habe sie sogar selbst angewendet, wie ich im Nachhinein festgestellt habe. Allerdings war ich mir damals nicht bewusst, welches Prinzip dahinter stand: Wenn Sie blockiert sind und eine Aufgabe nicht erfolgreich abschließen oder gar nicht vernünftig beginnen können, ändern Sie am besten die Art, wie Sie die Aufgabe angehen und/oder die Umgebung, in welcher Sie diese bearbeiten. Wiederholen Sie nicht einfach immer wieder dasselbe Verhaltensmuster, bei welchem Sie in Ihrem Zimmer sitzen und das lähmende Gefühl wahrnehmen, einer unbezwingbaren Aufgabe gegenüber zu stehen, mit der Sie nicht fertig werden. Lassen Sie nicht zu, dass dieses Gefühl sich in Ihrer Gedankenwelt einnistet, denn Ihr Unterbewusstsein wird sonst beginnen, Ihr Studierzimmer mit „Lernproblemen" zu assoziieren, wenn Sie fortwährend diesem negativen Gefühl ausgesetzt sind. Wählen Sie stattdessen eine andere Lernumgebung, wo es ruhig ist und Sie nicht so leicht abgelenkt werden. Es kann die Bücherei Ihrer Universität sein oder das Kaffeehaus in Ihrer Nähe, wo Sie am besten arbeiten können. Oft müssen Sie einfach nur beginnen, sich mit der ungeliebten Aufgabe zu beschäftigen. Sobald Sie das getan und sich eine Weile eingearbeitet haben, ist „das Eis gebrochen" und der Rest fühlt sich schon nicht mehr so schlimm an.

Ich erinnere mich noch gut an die Prüfungsvorbereitung zu „Theorie der Felder und Wellen", ein kompliziertes Fach – und die wesentliche Bewährungsprobe für die Studenten der Elektrotechnik. War diese Prüfung bestanden, konnte man einigermaßen sicher sein, den Rest des Studiums auch zu schaffen. Die „Theorie der Felder und Wellen" war wirklich sehr schwierig, weswegen wir, eine Gruppe von vier Studenten, uns zusammentaten und uns einmal in der Woche in der Universität trafen, um die Ergebnisse unserer Aufgabenlösungen zu besprechen. Dabei verwendeten wir alte Prüfungsaufgaben, auf die wir uns geeinigt hatten, versuchten diese zu Hause zu lösen, verglichen dann die Ergebnisse und besprachen die auftretenden Probleme. Diese wöchentlichen Treffen verlangten, dass ich die ausgemachten Aufgabenteile wirklich versuchte zu lösen, um ein gleichwertiger Diskussionspartner zu sein. Dies gab mir einen zusätzlichen Schub an Motivation, die abgemachte Arbeit auch wirklich fertigzustellen, schließlich wollte ich ja mitdiskutieren können. Dieser Wechsel in der Prüfungsvorbereitung, das Treffen mit Kommilitonen und die Besprechungen an einem anderen Ort reichten, um für mich den Unterschied zu machen: Zusammengenommen gab mir das die notwendige Energie, die schwierigen Aufgaben zu bearbeiten, und ich musste hierzu auch nicht den Lernort ändern.

3.10 Sprachen lernen

Möglicherweise studieren Sie in einem Land, in dem Sie nicht geboren sind und dessen Muttersprache nicht die Ihre ist. Vielleicht studieren Sie auch in Ihrem Heimatland, das nicht englischsprachig ist, womöglich aber finden aus Gründen der Internationalität dennoch einige Vorlesungen auf Englisch statt. Wann immer die Sprache der Vorlesung nicht Ihre Muttersprache ist, dann kann Ihnen dieses Kapitel helfen.

Entgegen der landläufigen Meinung können Erwachsene eine Sprache deutlich schneller lernen als Kinder – vorausgesetzt, die Erwachsenen haben die Gelegenheit und Muße zum Lernen (Birkenbihl 1989). Tatsächlich aber lernen Erwachsene eine Sprache im Allgemeinen doch nicht so profund wie Kinder. Warum? Sie haben eine Menge anderer Aufgaben und Verantwortungen und können daher nicht so viel Zeit ins Lernen stecken. Die vielen anderen Aufgaben führen oft dazu, dass Erwachsene genau dann mit dem Sprachenlernen aufhören, wenn sie mit dem angeeigneten Wissen zurechtkommen. Daher werden Sie den Akzent eines Nicht-Muttersprachlers fast immer hören.

> **Wichtig** Dass Sie Englisch beherrschen, wird für Sie sehr wichtig werden – vor allem im späteren Berufsleben.

3 Unterstützende Maßnahmen

An dieser Stelle möchte ich Ihnen einige Tipps präsentieren, mit denen Sie Sprachen effektiver und effizienter lernen können. Diese Tipps stammen im Wesentlichen von der Managementtrainerin Vera Birkenbihl (Birkenbihl 1989). Wenn Sie die nun folgenden Tipps lesen, versuchen Sie sich an Abschn. 2.2 „Informationen speichern" in diesem Buch zu erinnern. Sie werden feststellen, dass viele der Prinzipien aus Abschn. 2.2 angewendet werden. Hier sind die Tipps:

- Lernen Sie ganze Sätze und idiomatische Redewendungen. Sie müssen diese dabei unbedingt komplett verstanden haben, auch vom grammatikalischen Gesichtspunkt her. Wenn Sie den Inhalt und den Satzbau komplett verstanden haben, sprechen Sie den Satz laut aus und nehmen sie das Gesprochene mit einem Sprachrekorder auf. Wenn Sie bereits eine Audioversion des Satzes vorliegen haben, am besten von einem Muttersprachler, dann müssen Sie natürlich keine Audioaufnahme von sich selbst machen.
Sehr effektiv ist es, Sätze zu verwenden, die in Konversationen vorkommen. Dazu können Sie verfügbare Sprachkurse verwenden, die von Muttersprachlern gesprochen werden. So lernen Sie gleich die perfekte Aussprache. Nun sollten Sie jede Gelegenheit nutzen, sich diese Sätze anzuhören, zum Beispiel wenn Sie Hausarbeiten machen müssen, an der Bushaltestelle warten oder vom Bahnhof zur Universität laufen. Sie müssen nach einiger Zeit gar nicht mehr besonders konzentriert zuhören, sondern lediglich dem Gesprochenen die Gelegenheit geben, in Ihr Gehirn einzutröpfeln – so, wie dies bei Werbephrasen passiert, die Sie ständig hören. Sie werden feststellen, dass Ihr passiver Wortschatz sich nahezu mühelos erweitert, und nach einer gewissen

Zeit können Sie die Sätze und idiomatischen Redewendungen sogar aktiv nutzen.
- Schauen Sie sich fremdsprachige Videos in Youtube® oder Filme mit Untertiteln an. Wichtig ist, dass Sie das Thema der Videos interessiert und die Filme für Sie ansprechend sind. Auch hier ist es wichtig, dass Sie das Gesprochene wirklich verstehen. Verfahren Sie mit diesen Filmen und Videos wie beschrieben: Schauen Sie sich diese immer wieder an, um den Wiederholungseffekt zu nutzen.
- Treten Sie mit Personen in Kontakt, die Muttersprachler Ihrer Lernsprache sind. Gehen Sie in entsprechende Vereine, besuchen Sie Kinos, die fremdsprachige Filme zeigen und kommen Sie mit Besuchern des Films im Anschluss ins Gespräch. Wichtig ist, dass Sie aktiv zuhören und die Sprache sprechen. Haben Sie keine Angst, sprachliche Fehler zu machen. Ihr Gegenüber wird Ihnen in den meisten Fällen gerne helfen. Gerade Muttersprachler helfen Ihnen gerne, da es ein Zeichen von Respekt ist, wenn Sie sich bemühen, deren Sprache zu lernen.
- Unterhalten Sie sich mit Freunden in der zu lernenden Fremdsprache, vor allem dann, wenn Ihre Freunde dieselbe Fremdsprache lernen wollen. Bei Schwierigkeiten können Sie sich oft gegenseitig aushelfen.
- Nutzen Sie jede Gelegenheit, in der Sie in der Fremdsprache schreiben können, etwa wenn Sie Ihrem Professor oder Tutor eine Frage per E-Mail stellen oder in sozialen Netzwerken Beiträge einstellen.
- Lesen Sie Bücher oder Zeitschriften in der Fremdsprache, und zwar solche, die Sie wirklich interessieren. Das kann die Biografie Ihres Lieblingsrockstars oder Ihres Sportidols sein. Es kann sich dabei natürlich auch um technische Inhalte für Ihr Studium handeln. Generell ist das Thema zunächst einmal ohne Belang,

das Entscheidende ist, dass Sie das Thema, über welches Sie lesen, wirklich interessiert, sodass Ihr limbisches System Sie bei der Lektüre belohnt. Die meisten Autoren eines Buches offenbaren ihren wesentlichen Sprachschatz auf den ersten 30 Seiten. Schenken Sie also den ersten 30 Seiten besondere Aufmerksamkeit. Markieren Sie jedes unbekannte Wort und jede unbekannte Redewendung im Text, indem Sie die Stellen unterstreichen oder mit einem Textmarker kennzeichnen. Schlagen Sie dann die Bedeutung nach, und schreiben Sie die Übersetzung ins Buch, sodass sie in unmittelbarer Nähe zu dem markierten Text steht. Sie müssen auf den ersten 30 Seiten alles komplett verstanden haben, was geschrieben wurde. Den Rest des Buches können Sie ohne Markierungen und Übersetzungen lesen. Sie werden die meisten der markierten Wörter und Redewendungen automatisch durch das Weiterlesen des Buches wiederholen.

Wenn das Lernen einer Fremdsprache bei Ihnen besonders hohe Priorität hat, lohnt sich auch das Buch von Gabriel Wyner für Sie (Wyner 2014), um noch weitere Tipps zu erfahren. Wyner musste aus beruflichen Gründen eine stattliche Zahl von Fremdsprachen lernen und liefert gute Informationen darüber, wie das Gehirn beim Sprachenlernen arbeitet. Die Hauptpunkte kann man wie folgt zusammenfassen (Wyner 2014):

- Zuerst kommt die Aussprache: Als erstes müssen Sie die Wörter und Sätze hören und aussprechen können. Dies stimuliert mehrere Sinne und verbessert daher die Abspeicherung im Gehirn. Beobachten Sie einmal kleine Kinder in Ihrem Bekanntenkreis, die gerade dabei sind, ihre jeweilige Muttersprache zu lernen: sie

sprechen Wörter und Sätze einfach nach – und erst mit der Zeit verstehen sie dann auch, was sie da sagen.
- Nicht übersetzen: Wenn Sie neue Wörter und Sätze lernen, dann assoziieren Sie diese mit Bildern, die Sie vorzugsweise selbst gezeichnet haben. Auch dies verbessert das Abspeichern und fördert das Denken in der Fremdsprache. Auch hier wird Ihnen eine Ähnlichkeit mit dem Sprachenlernen von Kindern auffallen. Das bekannte Sprachlernsystem „Rosetta Stone®" baut genau darauf auf.
- Benutzen Sie ein Wiederholungssystem mit Intervallen, so wie in Abschn. 2.2.3 erläutert. Die Intervalle sollten von einem Wiederholungszeitpunkt zum nächsten zeitlich immer länger werden. Sie können hierzu ein computergestütztes System wie „Phase6" oder „Anki" benutzen, aber auch ein klassisches Karteisystem wie die „Leitner-Box" tut durchaus seinen Dienst.
- Beim Widerholen sollten Sie nicht einfach noch einmal nachsehen, wie die Übersetzungen lauten. Vielmehr sollten Sie aktiv versuchen, sich die zu wiederholenden Elemente ins Gedächtnis zurückzurufen. Auch dies wird Ihnen nach der Lektüre des Abschn. 2.2 einleuchten: Beim aktiven Wiederholen werden einfach mehr Sinne beteiligt.

Bei Wyner werden Sie auch viele Beispiele und praktische Hinweise finden, wie man die genannten Prinzipien zum Leben erweckt (Wyner 2014).

3.11 Tippen auf der Tastatur

Auch im Zeitalter von berührungsempfindlichen Bildschirmen, Siri®, Alexa® oder anderen natürlichsprachlichen Schnittstellen ist die Computertastatur eine der effizientesten Mensch-Maschine-Schnittstellen: Wenn Sie mit der Tastatur arbeiten, können Sie deutlich schneller sein, als mit den erwähnten Interfaces – besonders dann, wenn Sie E-Mails, Abschlussarbeiten, Spezifikationen, Berichte, Meeting-Protokolle und Computerprogramme verfassen müssen. Und Sie werden viele der genannten Dinge tun müssen, nicht nur während des Studiums sondern ganz besonders in Ihrem Berufsleben.

Am unteren Ende des Könner-Spektrums befinden sich die „Adlerauge-Zweifinger-Schreiber". Diese Personen schauen auf die Tastatur, suchen die Taste, drücken diese und schauen dann zurück auf den Computerbildschirm, um zu prüfen, ob sie auch die richtige Taste gedrückt haben. Dann geht die Suche nach dem nächsten Buchstaben weiter. Es ist offensichtlich, dass diese Methode sehr ermüdend ist und Sie recht schnell verspannen werden. Am anderen Ende des Könner-Spektrums stehen die „Keyboard Wizards", die überhaupt nicht auf die Tastatur sehen und alle Finger beider Hände benutzen. Sie schauen nur, und dies ganz entspannt, auf den Bildschirm, sehen sofort, wenn sie sich vertippt haben und korrigieren Fehler ohne großen Aufwand. Die „Keyboard Wizards" arbeiten wie gute Klavierspieler, die ebenfalls nur auf die Noten schauen, nicht aber auf die Tasten.

Es lohnt sich in jedem Fall, zur zweiten Gruppe zu gehören. Damit sind Sie nicht nur viel schneller, sondern arbeiten auch viel entspannter. Die unnötige Last, den Blick ständig zwischen Tastatur und Bildschirm wechseln zu müssen, fällt einfach weg.

Wichtig Schnell und entspannt auf der Tastatur schreiben zu können, bringt Ihnen in Studium und Beruf enorme Effizienzvorteile.

Ich selbst habe das Zehn-Finger-System erst sehr spät gelernt: mit 36 Jahren. Dies geschah währen meines Post-Doc-Stipendiums in Berkeley, als ich Roy, einen Studenten, bei seiner Masterarbeit betreute. Als ich sah, wie er in der Programmiersprache C++ programmierte, war ich tief beeindruckt, wie schnell und mühelos er am Rechner schrieb. Es kam mir gerade so vor, als ober er C++ sprechen könnte. Ich wollte unbedingt auch so schnell schreiben können. Anfangs hatte ich bezüglich des Erfolges, diese Art des Schreibens lernen zu können, meine Zweifel, immerhin hatte ich als Jugendlicher während meines Klavierunterrichts nie richtig vom Blatt spielen gelernt. Ich hatte mir am Klavier eine scheinbare Abkürzung angeeignet, indem ich die Noten auf der Tastatur suchte, mir die Griffbilder merkte und dann das Klavierstück anhand der Griffbilder auswendig lernte. So konnte ich am Ende die Stücke immer auswendig spielen – aber neue Stücke einfach vom Blatt spielen, um mir sie anzuhören, das konnte ich nicht. Roy motivierte mich aber so stark, dass ich es doch mit der neuen Art, den Computer zu bedienen, versuchen wollte. Heute bin ich sehr froh, dass ich es angepackt habe, und tatsächlich war es weniger schwierig, als ich erwartet hatte. Es lohnt sich also in jedem Alter, seine Fertigkeiten mit der Computertastatur zu verbessern, denn man braucht diese sehr häufig. Zum Lernen gibt es auch sehr gute Lern-Software, die im Internet sogar teils kostenlos erhältlich ist (TIPP10).

3.12 Physisch fit bleiben

Wenn Sie bis hierhin gelesen haben, ist Ihnen sicher schon mehrmals aufgefallen: Physische Aktivität wird immer wieder einmal erwähnt. Ich stimme voll und ganz mit Newports Paradigma überein (Newport 2006): Den besten Erfolg bekommen Sie über hochintensive Arbeit über dedizierte Zeiträume, sodass Sie dazwischen reichlich Zeit zum Entspannen und Vergnügen haben. Phasen hochintensiver Arbeit lassen sich aber deutlich besser ertragen, wenn Sie bis zu einem bestimmten Maß körperlich fit sind. Dann können Sie viel leichter die hohe Energie und Konzentration aufbringen, die in den Lern- und Prüfungsphasen benötigt wird. Ich werde mehr über diesen Aspekt im Kap. 9 „Körper und Seele" sagen.

Generell ist es viel effektiver und auch befriedigender, wenn Sie in Ihren Arbeitsphasen 100 %ig fokussiert und mit hoher Intensität bei der Sache sind, als wenn Sie permanent, wenn auch nur mit mittlerer Intensität, arbeiten, aber zugleich Ihr soziales Leben vernachlässigen.

Der hochintensive, flow-orientierte Ansatz bereichert Sie deutlich mehr, da Sie sowohl die Genugtuung erfahren, eine Aufgabe abgeschlossen zu haben, als auch die Freizeit mit Freunden und Familie genießen können. Der „Gewinner" in Ihnen freut sich über den ersten Aspekt, die abgeschlossene Aufgabe, und der „Einfühlsame" in Ihnen sehnt sich nach den sozialen Kontakten und Freizeitaktivitäten.

4

Prüfungsvorbereitung

„Divide et impera (Teile und herrsche)"
(Julius Caesar, Römischer Eroberer)

4.1 Grundprinzipien

4.1.1 Teile und herrsche

Beginnen Sie Ihre Prüfungsvorbereitung systematisch und benutzen Sie dabei die Methode aus Abschn. 3.8 „Den Elefanten zerteilen", bekannt auch unter „Teile und herrsche". Der „Gewinner" in Ihnen liebt es, Aufgaben abzuschließen, „einen Haken" auf einer Abarbeitungsliste zu machen. Daher ist diese Methode so effektiv. Wie gehen Sie also vor?

> **Wichtig** Wenn Sie sich Übungsaufgaben besorgen, achten Sie darauf, dass Sie auch die Musterlösungen bekommen.

Zunächst sollten Sie sich so viele alte Prüfungsaufgaben wie möglich beschaffen – zusammen mit den zugehörigen Lösungen. Dass Sie auch die Lösungen haben, ist ganz entscheidend, denn sonst können Sie den Stand Ihres Könnens nicht vernünftig überprüfen. Über die Lösungen lernen Sie auch eine Menge über die Ansätze, wie man an die Aufgaben herangeht.

Achten Sie darauf, dass Sie sich nicht irgendwelche Aufgaben beschaffen. Am besten sind solche, die von dem Institut stammen, das Ihre Prüfung ausrichtet. Das ist wichtig – wie ich auf die harte Tour lernen musste.

Am Ende des ersten Semesters in „Elektrotechnik" war meine erste Prüfung im Fach „Allgemeine anorganische Chemie". Ich war davon überzeugt, dass ich diese Prüfung leicht mit einer Eins abschließen würde. Schließlich war Chemie eines meiner Lieblingsfächer im Gymnasium gewesen, und ich hatte in Chemie immer eine Eins gehabt.

In der letzten Vorlesung erhielten wir ein paar beispielhafte Aufgaben für die Prüfung, und zusätzlich benutzten wir ein Chemiebuch als Vorlesungsskript, das der Professor selbst geschrieben hatte. Ich war zuversichtlich, was die Prüfung anbelangte, und hatte fest vor, meine Einser-Serie in Chemie fortzusetzen.

Ich las und lernte also das Buch des Professors von vorne bis hinten und bearbeitete dann die wenigen Paar Beispielklausuren. So, dachte ich, wäre ich ausreichend vorbereitet. „Stoff lernen und ein paar Beispiele rechnen" hatte ja in der Schule auch immer funktioniert.

Ich tauchte regelrecht in das Buch ein und erlaubte mir keine Wissenslücken. Entsprechend gut vorbereitet wähnte ich mich. Unglücklicherweise war dies aber weit

4 Prüfungsvorbereitung

von der Realität entfernt. Die Prüfung war für mich eine Katastrophe: Trotz des extremen Lernaufwandes hatte ich nur eine 3,0 geschrieben – und das in meinem Lieblingsfach …

Was war passiert?

Ich hatte angenommen, meine Wissensgrundlage aus dem Gymnasium und die Tiefe des Wissens, wie es im Buch unseres Dozenten dargestellt war, würden absolut für die Prüfung reichen.

Das Buch war sehr umfangreich, sodass ich annahm, die Tiefe des Wissens, so wie sie dort dargeboten wurde, war auch jene, wie sie für die Prüfung benötigt würde. Das Buch hatte aber auch viele Lücken, es reichte nicht, um die Themen wirklich zu verstehen, obwohl ich glaubte, sie verstanden zu haben. Letztlich hatte ich auswendig gelernt, statt wirklich zu verstehen, sodass die abgeänderten Fragestellungen in der Prüfung zu jenen aus den Beispielaufgaben mich aus der Bahn geworfen hatten. Die Beispielaufgaben, die wir bekommen hatten, waren offensichtlich keine echten Prüfungsaufgaben gewesen. Das Verständnis, das in den Prüfungsfragen erwartet wurde, war deutlich größer als jenes, welche durch das Buch allein vermittelt wurde.

Was hätte ich also anders machen müssen? Ich hätte mich darum kümmern müssen, mir echte Prüfungsaufgaben und Lösungen dieses Professors zu beschaffen, um seine bevorzugten Wissensgebiete zu ergründen – vor allem aber den Stil seiner Fragestellungen. So wäre mir klar geworden, womit ich es zu tun habe und was dieser Professor wirklich von seinen Studenten verlangte. So hätte ich auch bestimmte Inhalte des Buches beziehungsweise Fragestellungen gar nicht lernen müssen, weil ich erkannt hätte, dass sie für die Prüfung unerheblich sind. Ich hatte also viel Aufwand in Inhalte gesteckt, die gar nicht lernenswert gewesen waren.

> **Wichtig** Genauso wichtig, wie das Stoffgebiet zu beherrschen, ist herauszufinden, wie die Vorlieben Ihres Prüfers in Bezug auf die Aufgabenstellung sind.

Es reicht eben nicht, das Fach ohne Bezug auf den Prüfer zu lernen. Es ist wichtig, dessen Vorlieben herauszufinden, zu erkennen, was ihm wichtig ist, wie tief die Antworten zu gehen haben, und sich an die Art seiner Fragestellungen zu gewöhnen.

Nehmen wir an, Sie hätten sich die ehemaligen Prüfungsaufgaben des richtigen Instituts besorgt. Sichten Sie nun alle Prüfungsaufgaben, mit Ausnahme der drei jüngsten (siehe Abschn. 4.1.6, welcher sich mit Generalproben beschäftigt). Diese drei sollten Sie am besten überhaupt nicht ansehen, sondern gleich in einer Schublade verstauen. Sie werden diese Aufgaben später für die Generalprobe benötigen, die neben anderem auch den „Überraschungseffekt" trainieren soll, der Ihnen in der tatsächlichen Prüfung widerfahren wird. Analysieren Sie nun die restlichen Prüfungsaufgaben und erstellen Sie eine Liste von Themen, die in den Prüfungen auftauchen. Gruppieren Sie nun die Teilaufgaben der Prüfungen gemäß der erstellten Themenliste.

Es ist wichtig, dass Sie themenbezogen vorgehen. Nehmen Sie sich das erste Thema vor, zum Beispiel Integration von gebrochen-rationalen Funktionen, und arbeiten Sie dieses anhand Ihrer Vorlesungs- und Seminarunterlagen sowie der Ihnen zur Verfügung stehenden Seminaraufgaben durch. Achten Sie darauf, dass Sie wirklich alles verstanden haben, und versuchen Sie nun, alle zu diesem Thema existierenden Prüfungs(-teil-)aufgaben zu bearbeiten. Am Anfang werden Sie eine Menge Fehler machen oder möglicherweise gar nicht wissen, wie Sie die Aufgaben angehen sollen. Vielleicht können Sie bestimmte

Aufgaben überhaupt nicht lösen. Lassen Sie sich dadurch nicht entmutigen. Sehen Sie sich die Musterlösungen an und analysieren Sie, wo Ihr gedankliches Problem saß. Versuchen Sie alles, aber auch wirklich alles, bis aufs Letzte zu verstehen.

> **Wichtig** Halten Sie sich nicht mit den Dingen auf, die Sie schon können. Beschäftigen Sie sich mit den Themen, die Sie noch nicht beherrschen.

„Mut zur Lücke"? Das befürworte ich nicht – Sie wollen schließlich Einser-Student werden. Außerdem schläft es sich wesentlich entspannter, wenn man die Sicherheit spürt, ein Stoffgebiet gut zu beherrschen. Gehen Sie also den Dingen wirklich auf den Grund. Sobald Sie ein Thema fertig bearbeitet haben, schreiben Sie sich Ihre eigene Zusammenfassung. Diese persönliche Zusammenfassung soll alles enthalten, was für Sie wichtig ist. Dabei ist es auch sehr entscheidend, dass Sie Ihre typischen Fehler notieren, die sie immer wieder machen und die Sie vermeiden müssen (siehe auch Abschn. 4.1.3 „Fehler willkommen heißen"). Jeder Student hat seine eigenen Spezialitäten, über die er immer wieder stolpert. Vorzeichenfehler beim Ausmultiplizieren von Klammerausdrücken kamen zum Beispiel oft in den Klausuren vor, die ich als Assistent an der Universität zu korrigieren hatte. Machen Sie sich Ihre persönlichen Schwächen bewusst und eliminieren Sie diese durch beständiges Üben. Versuchen Sie die Zusammenfassung so klar und komprimiert wie möglich zu gestalten, aber vereinfachen Sie auch nicht so stark, dass die für Sie wichtigen Informationen nicht mehr enthalten sind. Orientieren Sie sich hier an Albert Einstein: „Man soll die Dinge so einfach wie möglich machen, aber nicht einfacher."

Wenn Sie ein Thema fertig bearbeitet haben, erobern Sie das nächste. Lassen Sie nicht zu, dass Sie mit irgendeinem der Themen auf Kriegsfuß stehen. Das beeinträchtigt nur Ihre Zuversicht und Selbstsicherheit. Für mich war zum Beispiel die Integralrechnung ein Angstthema: Ich wusste nicht, was ich beherrschen musste und was nicht, welche Art von Funktionen als Integrand vorkommen konnten und welche nicht. Alle möglichen Kombinationen von trigonometrischen Funktionen und Exponentialfunktionen? Womöglich noch potenziert? Kannte ich alle Tricks, oder gab es noch irgendwelche „geheimen" Ansätze? Wie in Abschn. 2.1.3 schon beschrieben, half mir der Dozent eines Intensivkurses zu höherer Mathematik, das Feld so einzugrenzen, dass ich mit einem guten Gefühl das Thema Integralrechnung abschließen konnte.

4.1.2 Fokussiert und hartnäckig bleiben

Konzentrieren Sie sich auf die Themen, die Sie nicht können, und halten Sie sich nicht mit dem auf, was Sie schon können. Noch einmal: Es sollte kein Angstthema geben. Gehen Sie in den „Angriffsmodus", statt ein Angstthema in der Schublade zu verstecken und Ihr Unterbewusstsein negativ zu beeinflussen. Es mag einiges an Überwindung und Aufwand kosten, das ungeliebte Thema zu knacken, aber es lohnt sich. Machen Sie sich bewusst, dass auch andere Studenten vor Ihnen dieses Thema verstehen konnten, es ist demnach prinzipiell „verstehbar". Also können Sie das auch! Diese Geisteshaltung und Herangehensweise an die Prüfungsvorbereitung ist die beste Versicherung gegen Nervosität bei der Klausur. Lassen Sie es nicht zu, dass Ihnen ein Thema über den Kopf wächst und Sie emotional beherrscht. Sie sind es, der über das Thema herrschen muss. Zeigen Sie Ihrem Angstthema, „wer der Boss ist"!

4.1.3 Fehler willkommen heißen

Wenn Sie etwas lernen, lernen Sie sehr viel anhand der Fehler, die Sie machen. Also setzen Sie sich möglichst vielen Gelegenheiten aus, wo Sie diese Fehler machen können. Sie sollten diese Fehler allerdings in ungefährlicher beziehungsweise gesicherter Umgebung machen. Genauso machen es Freeclimber, die die anvisierte Klettertour zuerst mehrfach angeseilt ersteigen, oder Redner und Comedians, die Ihre Präsentation zuerst vor einem kleinen Publikum erproben. Bei Ihnen ist diese gesicherte Umgebung Ihre intensive Prüfungsvorbereitung. Während der Vorbereitung werden Sie feststellen, dass Sie bestimmte Fehlertypen immer wieder machen. Es scheint gerade so, als ob diese Fehler an Ihnen „kleben bleiben". Bei mir bestand zum Beispiel ein typischer Fehler in der Integralrechnung darin, dass ich bei sogenannten bestimmten Integralen, die nach „Integration durch Substitution" berechnet werden mussten, gerne vergaß, dass auch die Integralgrenzen substituiert werden müssen. In technischer Mechanik passierte es mir anfangs öfter, dass ich nicht alle Kräfte beim Freischneiden berücksichtigte und dann die Lösung nicht finden konnte.

> **Wichtig** Machen Sie sich eine Liste Ihrer ganz persönlichen und immer wieder auftretenden Fehler. Schalten Sie diese Fehler dann bewusst und systematisch aus.

Machen Sie sich diese spezifischen Fehler bewusst, spüren Sie diese auf und schreiben Sie eine persönliche TFL, eine „typische Fehlerliste". Zu Beginn sollten Sie sich diese

TFL täglich ansehen. Mit der Zeit kann die Frequenz der Durchsicht abnehmen. Wenn Sie an den Übungsaufgaben arbeiten, sollten Sie es sich zum Ziel machen, die Fehler Ihrer persönlichen TFL bewusst zu vermeiden. Am Ende Ihrer Vorbereitungsphase werden Sie es geschafft haben, diese hartnäckigen Fehler auszumerzen.

4.1.4 Trainieren für die Goldmedallie

Wenn Sie sich auf eine Klausur vorbereiten, können Sie fast nicht zu viel Aufwand betreiben. Die Ergebnisse, die Sie erzielen, und der Vorbereitungsaufwand sind eng gekoppelt. Ich nenne das gerne den „Energieerhaltungssatz der Prüfungsvorbereitung": Was man investiert, kommt als Resultat heraus. Das gilt aber nur in erster Näherung, denn viel hilft nur dann viel, wenn man es geschickt anfängt und die in diesem Kapitel genannten Regeln beherzigt. In zweiter Näherung sind eben doch weitere Details zu beachten.

Zum Beispiel ist das Timing Ihrer Prüfungsvorbereitung sehr wichtig. Wenn Sie zu früh hochintensiv starten, laufen Sie Gefahr, irgendwann erschöpft und ausgebrannt zu sein, wenn der Prüfungstermin dann tatsächlich da ist. Es gibt hier eine starke Analogie zu sportlichen Leistungen, wo die physischen Fähigkeiten außerhalb der Wettkampfsaison auf einem vernünftigen Maß gehalten werden und erst zur Wettkampfsaison gezielt durch hochintensive Trainingseinheiten „auf den Punkt" zur Spitzenleistung gebracht werden sollten. In diesem Sinne sind Sie ein Geistesathlet. Wenn ein Athlet zu früh mit Hochintensitätstaining beginnt, muss er oder sie diesen Level zu lange aufrechterhalten, sodass die Wahrscheinlichkeit für Ermüdung, Verletzung und Übertraining zunimmt. Das Gleiche passiert mit Ihrem Gehirn, es

„brennt einfach aus". Ihre Motivation sinkt ab einem gewissen Zeitpunkt, diese hochintensive Vorbereitungsphase aufrechtzuerhalten. Haben Sie sich schon einmal gefragt, warum Boxer oft „außer Form" sind, wenn gerade kein Meisterschaftskampf ansteht? Auch hier greift das gleiche Prinzip: Höchstleistung für eine zu lange Zeit aufrechterhalten zu müssen, ist zu anstrengend und mental ermüdend.

Und doch brauchen Sie diese Hochintensitätsphase in Ihrer Prüfungsvorbereitung. Gerade in den Ingenieursdisziplinen reicht es nicht, die Fakten und Vorgehensweisen zu kennen. Sie müssen auch schnell und sicher rechnen können.

Das ist der Unterschied zwischen Üben und Trainieren: Während des Lernens beziehungsweise Übens eignen Sie sich die Fertigkeiten an und in der Trainingsphase geht es um Leistungsfähigkeit, um diese Fertigkeiten auch unter widrigen Umständen und Stress schnell und sicher anwenden zu können. Und eine Prüfung bedeutet definitiv Stress. Wie lange sollte also eine Prüfungsvorbereitungsphase sein? Als Faustregel können Sie zwei Wochen hochintensive Vorbereitung ansetzen für eine einsemestrige Vorlesung, die einmal pro Woche stattgefunden hat.

4.1.5 Pausen einbauen

Niemand kann sich endlos konzentrieren, ebenso wie man auch körperliches Training nicht ohne Pausen und Erholungsphasen durchhält. Während der Lernpausen können sich Körper und Geist erholen und reorganisieren.

Tatsächlich sind die Pausen genauso wichtig wie die aktiven Phasen. Ich empfehle Ihnen allerdings dringend, Ihre Zeit an Smartphone und TV sowie Ihre Zeit mit

Computerspielen drastisch herunterzufahren, wenn Sie sich in einer hochintensiven Prüfungsvorbereitung befinden. Diese digitalen Ablenkungen bedeuten nämlich keine Pause und Erholung für das Gehirn, sondern stellen lediglich eine andere Art von Aktivität dar, die mehr Aufmerksamkeit erfordert, als Ihnen bewusst ist. Daher schmälern Smartphone, TV und Computerspiele Ihren Vorbereitungserfolg.

Stellen Sie sich als Metapher Ihr Gehirn wie eine weiche geleeartige Masse vor, die durch Ihre Prüfungsvorbereitung verändert und geformt wird (Buzan 1991). Ihre Lernaktivitäten arbeiten dabei wie Flüsse heißen Wassers, die sich ihren Weg suchen, in weicher Masse eine Landschaft formen und dabei Pfade erzeugen, die permanent bestehen bleiben. Bis dahin braucht es Zeit, und wenn die Formung durch andere, einnehmende mentale Aktivitäten abgelenkt wird, braucht es deutlich mehr Aufwand, um das gewünschte „Flussbett" zu formen.

Es ist daher am besten, Lernphasen mit körperlichen oder stressfreien, sozialen Aktivitäten abzuwechseln. Besonders effektiv ist es, abends zu lernen und anschließend ins Bett zu gehen und zu schlafen: Schlaf ist die perfekte Gelegenheit für Ihr Gehirn, sich zu reorganisieren.

4.1.6 Generalproben machen

Zuvor habe ich schon den Unterschied zwischen Üben/Lernen und Trainieren auf maximale Leistung angesprochen. Dieses Prinzip zieht sich durch alle menschlichen Aktivitäten, wo es auf Leistung ankommt. Sänger und Schauspieler machen Generalproben, um sich dem Stress der echten Aufführung auszusetzen. Politiker halten ihre Reden zuerst mehrmals vor einem kleinen Publikum, bevor sie in großem Stil an die Öffentlichkeit gehen. Spezialeinheiten trainieren die Befreiung von Geiseln viele Male unter realistischen Bedingungen, um auf den Ernstfall bestmöglich vorbereitet zu sein.

> **Wichtig** Machen Sie sich die Wirkung von Generalproben zunutze und rechnen Sie mindestens zwei Ihnen unbekannte Prüfungen unter realen Zeitbedingungen.

In Abschn. 4.1.1 wurde vorgeschlagen, dass Sie sich drei vollständige Prüfungen jüngerer Zeit in die Schublade legen sollten, ohne dass Sie diese auch nur ansehen. Es ist wichtig, dass der Inhalt für Sie neu ist. Nehmen Sie sich eine der Prüfungen etwa in der Mitte Ihrer Hochintensitätsvorbereitung vor und zwei am Ende. Bearbeiten Sie diese Prüfungen unter möglichst realistischen Prüfungsbedingungen, was Zeit, Hilfsmittel und so weiter anbelangt. Ermitteln Sie, wie Sie mit der Zeiteinteilung zurechtkommen und wie Ihre Ergebnisse ausfallen. Werden Sie schusselig? Sind Sie übermäßig angespannt? Verfallen Sie in ungünstige Verhaltensmuster? Es ist sehr wichtig, dass Sie sich an die Ernstfallbedingungen gewöhnen und lernen, damit umzugehen. Sie dürfen aber auch nicht zu früh damit beginnen, sonst sinkt Ihr Selbstvertrauen, wenn Sie feststellen, dass Sie noch nicht gut genug sind. Im Sport würde man sagen, der Sportler wird „verheizt", wenn man ihn zu früh in den Ernstfall einer Meisterschaft oder eines Wettkampfes schickt.

Planen Sie Ihre Prüfungsvorbereitung so, dass Sie am letzten Tag vor der Prüfung nichts mehr tun müssen. Sie sollten sich einen Tag vor der Prüfung sicher fühlen und das Gefühl haben, dass Sie alles getan haben, was notwendig war. Die letzte Generalprobe sollte also zwei Tage vor dem eigentlichen Prüfungstermin stattfinden.

4.1.7 Prüfung? So vertraut wie möglich

Eine Prüfung ist eine Stresssituation, in der tief verwurzelte und eintrainierte Verhaltensmuster aktiv werden. Seien Sie sich dessen bewusst und passen Sie Ihren Arbeitsstil möglichst gut an jenen an, den Sie auch in der Prüfung anwenden müssen. Dieser Arbeitsstil wird dann zur Gewohnheit und letztlich zum Verhaltensmuster, sodass Sie sich über den Arbeitsstil selbst keine Gedanken machen mehr müssen. Der Arbeitsstil umfasst auch scheinbar irrelevante Dinge, wie den Stift, den Sie benutzen, das Papier, auf dem Sie schreiben müssen (zum Beispiel kariert oder nicht kariert), oder die Kleidung, die Sie tragen werden. Wenn Sie zum Beispiel in der Prüfung zu Beginn Ihre Matrikelnummer auf jedes Papier schreiben müssen, gewöhnen Sie sich das auch zu Hause gleich an. Je vertrauter Ihnen die Prüfungsbedingungen sind, umso weniger nervös werden Sie sein.

4.1.8 Bleiben Sie im Austausch

Es ist sehr hilfreich, wenn Sie Studienkollegen haben, die sich auf dieselbe Prüfung vorbereiten. Treffen Sie sich regelmäßig, tauschen Sie Ergebnisse aus und sprechen Sie über Ihre Schwierigkeiten. Die Beispielaufgaben sollten Sie jedoch alleine bearbeiten, in der Prüfung müssen Sie das ja auch tun, und daran sollten Sie sich von Anfang an gewöhnen. Wenn es aber doch ein Thema geben sollte, das für Sie besonders schwierig und störrisch ist, dann treffen Sie sich mit Ihren Kollegen und versuchen Sie, gemeinsam eine Lösung zu erarbeiten. Die Chancen, dass dies gelingt, sind recht gut, da es eher unwahrscheinlich ist, dass alle die gleichen Verständnisprobleme haben. Aber auch wenn dies so sein sollte, können Sie Ideen austauschen, und oft erscheint die Lösung genau dann, wenn man versucht, sein Problem einer anderen Person zu erklären. Jemandem etwas verständlich zu machen, was Sie selbst glauben, verstanden zu haben, ist ebenfalls ein guter Test für Sie. Wenn es Ihnen gelingt, beim anderen einen „Aha-Effekt" auszulösen, dann haben Sie das Thema wirklich verstanden. Denken Sie an die Weisheit von Albert Einstein: „Wenn Du etwas nicht einfach erklären kannst, hast Du es nicht gut genug verstanden." Oder auch jene des Physikers Richard Feynman: „Der beste Weg, etwas zu verstehen, ist, es zu erklären."

4.1.9 Fragen? Immer fragen!

Fragen Sie Ihren Professor, Tutor oder Kommilitonen, wenn Sie etwas nicht verstanden haben. Es gibt keine dummen Fragen, nur dumme Antworten!

5

Prüfungen erfolgreich bestehen

"Konzentration ist nicht Anspannung. Konzentration ist vollständige Entspannung."

(Pietro Yuji Maida, 7. Dan Aikido)

5.1 Showtime

Sie sitzen in der Klausur, jetzt geht es ums Ganze. Sie haben nur begrenzt Zeit, aber Sie sind gut vorbereitet. Hier sind ein paar Hinweise, die Ihnen helfen können, die letzten paar Prozent herauszuholen, die es braucht, um eine Eins schaffen.

5.1.1 Verschaffen Sie sich Bewegung

Wenn Sie die Möglichkeit haben, verschaffen Sie sich Bewegung vor der Prüfung. Das senkt den Level der Stresshormone Adrenalin und Cortisol. Beide blockieren die Synapsen im Gehirn, die Sie für Ihre geistige Leistungsfähigkeit brauchen. Es hilft schon, 15 min zu gehen, bis sich ein leichtes Wärmegefühl im Körper entwickelt. Selbstverständlich sollten Sie sich physisch nicht verausgaben.

5.1.2 Entspannen Sie sich

Wenn Sie in der Prüfung sitzen und auf Ihre Prüfungsunterlagen warten, versuchen Sie, aktiv zu entspannen. Machen Sie einige langsame, tiefe Atemzüge – aber bitte nicht so tief, dass Sie dabei wieder verspannen. Atmen Sie einfach doppelt so lange aus wie ein, um Ihren Vagus-Nerv zu aktivieren: Er kontrolliert die Entspannung im Körper.

Falls Sie rational veranlagt sind, machen Sie sich bewusst, dass die Nervosität Ihnen nicht weiterhilft, eine gute Prüfung zu schreiben. Ich selbst habe mir immer gesagt: „Nervosität hilft mir auch nicht weiter, also kann ich sie einfach weglassen." Das ist leicht gesagt, ich weiß, aber vielleicht hilft Ihnen schon dieser Gedanke ein kleines bisschen.

Oder denken Sie an die Grundregel, die ein Münchner Kriminalbeamter uns Teilnehmern eines Selbstverteidigungskurses ans Herz legte: „Wenn's pressiert, mach' langsam."

Einen weiteren Tipp, Nervosität abzubauen, habe ich von einem Rhetoriktrainer bekommen: „Stellen Sie sich vor, wie es nach der Prüfung weitergeht. Sie werden zu Hause ankommen, sich gemütlich ins Sofa setzen, die Füße hochlegen und einen Nachmittagskaffee schlürfen. Das wird auf jeden Fall passieren, ganz egal, wie die Prüfung ausfällt."

Sind Sie schon etwas weniger nervös?

5.1.3 Starten Sie zügig, nicht hastig

Sie haben die Prüfungsaufgaben erhalten und dürfen jetzt loslegen. Als Erstes sollten Sie nun die Aufgaben lesen – aufmerksam und gründlich. Auf keinen Fall sollten Sie durch den Aufgabentext hetzen, nur um scheinbar Zeit zu gewinnen. Geraten Sie nicht in Panik, wenn die Lösungen nicht sofort in Ihrem Kopf erscheinen. Lassen Sie Ihrem Gehirn Zeit, sich aufzuwärmen. Zehn Minuten sind absolut in Ordnung. Schreiben Sie erst einmal Ihren Namen, Ihre Matrikelnummer und das Datum auf die Lösungsblätter. Wenn Sie etwas tun, also irgendwie aktiv und beschäftigt sind, wirkt dies in Richtung Entspannung. Beginnen Sie dann mit jener Aufgabe, die Ihnen am leichtesten erscheint. Überlegen Sie verschiedene Herangehensweisen, denn der erstbeste Ansatz ist nicht unbedingt der effizienteste. Wichtig ist, dass Sie aktiv sind und etwas tun. Machen Sie gut leserliche Skizzen zu der Aufgabe.

> **Wichtig** Machen Sie genaue Skizzen, arbeiten Sie sauber, schreiben Sie klar und lesbar. Präzise vorzugehen, schlägt sich auch positiv auf Ihre Gedanken nieder.

Skizzen erlauben Ihrem Gehirn mehrere Informationen gleichzeitig zu erfassen, sodass der Lösungsansatz leichter sichtbar ist. Wichtig ist, dass Sie beginnen zu arbeiten, die Aufgabe aktiv angehen und nicht in endloses Brüten verfallen. Dies verschafft Ihnen auch ein besseres Gefühl, denn Aktivität fördert die Zuversicht. Wenn Sie Skizzen machen, achten Sie darauf, dass alle Bestandteile ihre Bezeichner haben, dass auch die Achsen beschriftet sind, und dass alles sowohl für Sie als auch später für den Prüfer gut lesbar ist. Wenn Sie klar und lesbar zeichnen und schreiben, schlägt sich das auch auf Ihre Denkweise nieder und Ihre Gedanken werden ebenfalls klarer. Schreiben Sie auf, welche Größen gegeben sind und welche gesucht werden. Sie können sich auch vorstellen, Sie würden die Aufgabe einem Nachhilfeschüler erklären und ihm Schritt für Schritt zeigen, wie man vorgeht. Auch das kann helfen, die Aufregung im Zaum zu halten und klare Gedanken zu fassen.

5.1.4 Überprüfen Sie Ihren Ansatz

Gerade wenn Sie an der ersten Aufgabe arbeiten, sollten Sie Ihren Ansatz noch einmal gründlich überprüfen, bevor Sie weitermachen: Stellen Sie sicher, dass Sie keine wichtige Information überlesen haben. Gerade bei Textaufgaben kann dies leicht passieren. Auch Abraham Lincoln hatte schon das Motto: „Geben sie mir sechs Stunden zum Fällen eines Baums, und ich werde die ersten vier dafür verwenden, die Axt zu schärfen." Es ist ungeheuer wichtig, dass Sie vom Ansatz her in die richtige Richtung laufen, denn Fehler, die Ihnen am Anfang passieren, kommen Sie später teuer zu stehen.

5.1.5 Arbeiten Sie moderat schnell

Es ist schon richtig, Sie müssen schnell sein, um eine Eins in der Prüfung zu schreiben. Andernfalls schaffen Sie nicht genügend Aufgabenteile. Allerdings muss Ihre Geschwindigkeit auch nachhaltig und durchhaltbar sein. Machen Sie nicht den Fehler des Langstreckenläufers, der zu schnell startet und dem dann am Ende die Puste ausgeht. In der Prüfung werden Sie zwar nicht in Atemnot kommen. Dennoch benutze ich dieses Bild gerne, da ein zu schnelles Vorgehen Fehler provoziert, die Sie empfindlich aus der Bahn werfen können. Vor allem, wenn Sie den oder die gemachten Fehler erst spät bemerken, kann es sehr aufwändig und emotional aufwühlend sein, diese überhaupt erst zu finden – ganz zu schweigen von der Zeit, in der Sie mit falschen Daten weitergemacht und damit fast nutzlose Ergebnisse erzeugt haben.

Rechnen Sie also im „Jogging-Tempo", sodass Sie das große Ganze der Aufgabe nicht aus dem Auge verlieren. Noch einmal: Achten Sie darauf, dass Sie leserlich schreiben und nicht etwa Zeichen wie i, j oder 1 verwechseln. Auch n und m, ν und μ werden in der Aufregung gerne einmal vertauscht. Immer wieder kommt es auch vor, dass in der Hektik ein negatives Vorzeichen in einer Rechnung vergessen wird. Wenn Sie im „Jogging-Tempo" rechnen, wird Ihnen das nicht so leicht passieren.

5.1.6 Schreiben Sie einseitig

Ein einfacher, aber wichtiger Rat: Beschreiben Sie nur eine Seite des Papiers, sodass Sie aufeinanderfolgende Seiten einer Rechnung nebeneinander legen können. So lassen sich Fehler leichter finden, falls es notwendig werden sollte. Wenn Sie beide Seiten beschreiben, müssen Sie später beim Nachlesen die Seiten umdrehen und Sie verlieren den optischen Kontakt. Das stört und unterbricht den Arbeits- und Gedankenfluss.

5.1.7 Schreiben Sie Alles auf

Wenn Sie rechnen müssen, rechnen Sie bitte nicht so viel im Kopf, sondern schreiben Sie die Zwischenschritte besser auf.

> **Wichtig** Schreiben Sie auch Zwischenrechnungen auf. Ein möglicher Fehler ist auf dem Papier viel leichter zu entdecken als im Kopf.

Sie tun sich deutlich schwerer, wenn Ihre Augen den Fehler nicht sehen können. Auch wenn Sie keine Fehler gemacht haben, besteht die Gefahr, dass der Prüfer nicht alles bewertet, was Sie gemacht haben. Manchmal gibt es auch für Zwischenergebnisse Punkte, denn das Endresultat könnte ja auch auf unlautere Weise auf Ihrem Blatt gelandet sein.

Sie sehen: Das Papier, auf dem Sie schreiben, ist ein wertvoller Informationsspeicher, der zusätzlich Ihre geistige Anstrengung reduzieren kann. Nutzen Sie ihn!

5.1.8 Überprüfen Sie Zwischenergebnisse

Besonders zu Beginn der Prüfung sollten Sie Zwischenergebnisse immer noch einmal überprüfen. Gerade, wenn die Nervosität noch nicht abgeklungen ist, sind Ihre Überlegungen und Rechnungen fehleranfälliger. Sie könnten zum Beispiel fragen: Machen die Ergebnisse physikalisch Sinn? Stimmen die Einheiten? Liegt die Größenordnung der Ergebnisse im richtigen Bereich? Haben Sie auch wirklich alle Informationen genutzt, die gegeben sind? Es ist sehr selten, dass in Prüfungen unnötige Informationen angegeben werden, aber man kann natürlich nie ganz sicher sein. Viel öfter sind in Textaufgaben Informationen versteckt, die Sie vielleicht überlesen. Wenn zum Beispiel von einem „runden See" die Rede ist, können Sie mit einiger Wahrscheinlichkeit von einer Kreisform ausgehen, auch wenn die Bezeichnung „rund" interpretierbar ist.

Hinter vielen Textaufgaben verstecken sich lineare Gleichungssysteme. Prüfen Sie also, ob die Zahl der Gleichungen gleich der Zahl der Unbekannten ist. Wenn Sie weniger Gleichungen als Unbekannte haben, könnte es sein, dass Sie wichtige Informationen überlesen haben, die im Text nicht explizit erkennbar waren.

5.1.9 Machen Sie Skizzen

Nutzen Sie die Fähigkeit Ihres Gehirns, optische Informationen auszuwerten und Mustererkennung zu betreiben, das beherrscht es besonders gut. Dies bedeutet, dass Ihnen Skizzen oft weiterhelfen, um ein Problem überhaupt formulieren zu können. Zeichnen Sie also Schaltungen neu hin, um zum Beispiel Maschenströme geschickt legen zu können. Zeichnen Sie Flussdiagramme, statt Pseudocode zu schreiben, um einen Algorithmus zu entwerfen. Zeichnen Sie eine Anordnung aus technischer Mechanik so um, dass Sie Kräfte freischneiden können. Setzen Sie Zeitbezüge von Vorgängen zeichnerisch um, zum Beispiel als *timing*-Diagramm. Skizzieren Sie Kurvenverläufe, bevor Sie anfangen, stückweise zu integrieren. Die Liste lässt sich beliebig fortsetzen.

5.1.10 Gehen Sie erst am Ende

Wenn Sie sich gut vorbereitet haben und die bisher genannten Hinweise und Techniken umgesetzt haben, werden Sie möglicherweise schneller mit den Aufgaben fertig sein, als vom Prüfer angesetzt. Sollte dies so sein, nutzen Sie die Zeit, um Ihre Resultate noch einmal zu überprüfen, Rechnungen eventuell zu ergänzen, Diagramme ausführlicher zu kommentieren oder zu beschriften. Sie können auch eine Begründung für einen von Ihnen gewählten Ansatz hinzufügen. Es könnte sein, dass diese Dinge Ihnen ein paar Extrapunkte einbringen. Sollte es doch nichts Wesentliches geben, das Sie vergessen haben, dann haben Sie lediglich ein paar zusätzliche Minuten Ihrer Freizeit vergeudet. Aber, wie die Engländer sagen: „Better safe than sorry!"

6
Schreiben einer Abschlussarbeit

„Einer muss sich plagen, der Schreiber oder der Leser."
(Wolf Schneider)

6.1 Motivation

Das Schreiben einer Abschlussarbeit ist nicht nur ein wichtiger und notwendiger Schritt, um Ihr Studium zu vollenden. Vielmehr können Sie hier vieles, was Sie bisher gelernt und in Prüfungen wiedergegeben haben, tatsächlich anwenden: Sie können Ihre Fertigkeit, Informationen zu sammeln und zu strukturieren, endlich praktisch umsetzen. Sie können mit neuen Ideen wichtige und verwertbare Resultate erzielen, die nicht nur Sie selbst, sondern auch andere interessieren. Ihre Abschlussarbeit wird Ihr erstes größeres Projekt sein und sich für Sie sehr befriedigend anfühlen.

Ihre Abschlussarbeit ist aber noch viel mehr, da Sie hierbei Entscheidendes lernen, das für Ihre spätere Berufslaufbahn bedeutend sein wird: Sie werden in die Kunst des technisch-wissenschaftlichen Schreibens eintauchen. In der High-Tech-Industrie ist das Verfassen von Anforderungs- und Design-Dokumenten sowie von Testspezifikationen eine häufig vorkommende Tätigkeit. Sie müssen also technisch-wissenschaftliches Schreiben beherrschen, um später erfolgreich sein zu können.

> **Wichtig** In Ihrer Abschlussarbeit lernen Sie unter anderem, Ihr Vorgehen und Ihre Ergebnisse gut zu dokumentieren. Dies ist auch später im Berufsleben wichtig, um Information zu verteilen, Entwurfsfehler früh zu finden und wartbare Systeme zu bauen.

Warum sind technische Dokumente so wichtig? Hier sind einige der wichtigsten Gründe:

- Verteilung von Information: Dokumente wie Abschlussarbeiten, Bücher oder Spezifikationen erlauben es, Expertenwissen an viele Personen zu übermitteln. Nur so sind große Projekte möglich, bei denen die Entwicklungsmannschaften möglicherweise geografisch verteilt sind. Immer häufiger finden sogar Entwicklungen statt, bei denen internationale Teams aus verschiedenen Ländern zusammenarbeiten. Wenn viele Personen gemeinsam an einem Projekt arbeiten, kann sich die Entwicklungszeit drastisch reduzieren, wenn das Projekt gut organisiert ist. Eine kurze Entwicklungszeit ist oft ein entscheidender *„Time-to-market"*-Vorteil gegenüber dem Wettbewerb. Auch im rein wissenschaftlichen Umfeld ist

es unabdingbar, dass Sie Ihre Ideen veröffentlichen. Nur so können Sie für sich einen entsprechenden Ruf aufbauen, den Sie brauchen, um etwa eine bestimmte wissenschaftliche Stelle besetzen zu können.
- Frühes Finden von Fehlern: Spezifikationen sind Liefergegenstände im Entwicklungsprozess, die sehr früh anfallen und daher eine große Hebelwirkung für die spätere Entwicklung haben. Fehler, die in der Spezifikation entstehen und erst spät gefunden werden, können immense Zusatzkosten verursachen. Daher müssen Spezifikationen einem intensiven Review durch Ihre Kollegen unterzogen werden.
Reviews sind eine sehr mächtige Methode, um Fehler früh zu finden und Entwicklungskosten zu sparen. Reviews sind unabdingbar, denn Fehler treten in komplexen Projekten ständig auf, man muss sie nur eben früh finden. Wenn etwa eine Anforderung an ein Softwareprodukt fehlerhaft ist oder gar fehlt und man diesen Irrtum erst kurz vor Fertigstellung des Produktes entdeckt, können die Kosten, um den Fehler zu beheben, leicht um den Faktor 200 größer sein, als wenn man den Fehler während eines Reviews der Anforderungen entdeckt hätte (Davis 1993). Tatsächlich sind im Mittel rund die Hälfte aller Fehler in einem Softwareprodukt Anforderungsfehler (Nelson et al. 1999).
- Wartbarkeit: Erfolgreiche Produkte haben eine lange Lebenszeit im Markt. Nehmen Sie einmal das iPhone® als Beispiel: Auch wenn jedes Jahr ein neues iPhone® erscheint, sind die jährlichen Entwicklungen im Wesentlichen sogenannte „Delta-Entwicklungen", das heißt, die meisten Hardware- und Softwarekomponenten des Produkts sind dieselben wie im Produkt des Vorjahres. Wenn Sie den gesamten Lebenszyklus eines erfolgreichen Produkts betrachten,

fallen 65 % oder mehr der gesamten Kosten in der sogenannten Wartungsphase an – also in jener Phase, in der das Produkt über kontinuierliche Erweiterungen und Verbesserungen im Markt gehalten wird. Zum Beispiel gibt es einen VW Golf, einen Ford Fiesta oder einen BMW X3 schon sehr lange, aber alle paar Jahre kommt ein neues Modell dieser Reihen auf den Markt. Eine kosteneffiziente Wartungsphase ist nur möglich, wenn über das Produkt eine exzellente Dokumentation existiert, die alle Lebenszyklen betrifft, das heißt von den Anforderungen über Design und Test bis hin zu Produktion, Benutzungsunterlagen, Service und Entsorgung. Eine gute Dokumentation schützt auch vor Fluktuation des Personals, welches – in welchen Teilbereichen der Produktionskette auch immer – selten dauerhaft dasselbe bleibt. Neue Teammitglieder müssen sich also effizient über das Produkt in allen Details informieren können, und hierzu braucht es gute Dokumentation. David Parnas, ein bekannter Software-Experte sagt: *„Wiederverwendung ist etwas, das leichter gesagt ist als getan. Um Wiederverwendung nutzen zu können, braucht es sowohl gutes Design als auch sehr gute Dokumentation. Selbst wenn wir gutes Design vor uns haben, was immer noch selten passiert, werden die Komponenten am Ende doch nicht wiederverwendet, wenn keine gute Dokumentation existiert"* (Parnas 1994).

Unglücklicherweise ist Dokumentation nicht immer gut. Wenn dies zum Beispiel für eines Ihrer Vorlesungsmanuskripte gilt, werden Sie derjenige sein, der „sich plagen" muss, wie Wolf Schneider es formuliert (siehe auch Abschn. 2.1 „Verstehen"). Parnas hat einige charakteristische Merkmale schlechter Dokumentation identifiziert (Parnas 1986):

- Schlechte Struktur, zum Beispiel, weil der Autor das Dokument als „Ideensammlung" missbraucht und sich nicht um gute Verständlichkeit und Didaktik gekümmert hat.
- Schlechte Beschreibung, weil der Autor versucht, komplizierte Sachverhalte mit vielen Worten zu beschreiben, statt verständliche Abbildungen, Diagramme oder Tabellen zu benutzen. Autoren verwenden auch oft eine Terminologie, die sie für „allgemein bekannt" halten, obwohl dem nicht so ist.
- Fehlende Abstimmung auf die Leserzielgruppe: Auch dies kommt häufig vor, wenn die Autoren Experten sind, die nur jene Dinge aufschreiben, von denen sie selbst befürchten, dass sie sie vergessen. Stattdessen hätten sie die passende Vorbildung der Leser berücksichtigen müssen.

Sie können sich vermutlich vorstellen, dass Ihre Abschlussarbeit nicht so gut gelingen wird, wie Sie möchten, wenn diese den hier erwähnten Fehlern zum Opfer fällt. Damit das nicht geschieht, möchte ich mit Ihnen nun ein paar Grundsätze guter Dokumentation durchgehen.

6.2 Gut dokumentiert

6.2.1 Verständlich

Verständlichkeit hat mehrere Facetten. Eine wichtige Eigenschaft ist etwa, dass die Strukturierung des Dokumentes an das Thema und den Verwendungszweck angepasst sein muss. Gute Bücher oder Abschlussarbeiten haben zum Beispiel einen ganz anderen Aufbau als Designspezifikationen eines Produkts. Der Unterschied ist in Tab. 6.1 zusammengefasst. Ich möchte das

Ganze auch noch etwas erläutern, da Sie später mit beiden Dokumententypen zu tun haben werden.

Der deutlichste Unterschied zwischen einer Abschlussarbeit oder eines Buches und einer technischen Spezifikation ist, dass Sie in Ihrer Abschlussarbeit annehmen müssen, dass der Leser mit dem behandelten Thema nicht vertraut ist. Deswegen müssen Sie die Information von den Grundlagen bis hin zum Komplexen Schritt für Schritt präsentieren. Eine Abschlussarbeit wird daher im Allgemeinen auch Seite für Seite von Anfang bis Ende gelesen, sonst könnte es passieren, dass der Leser Informationen verpasst, die er für das spätere Verständnis dringend benötigt.

> **Wichtig** Eine Abschlussarbeit ist dafür ausgelegt, „vom Anfang bis zum Ende" gelesen zu werden. Technische Spezifikationen sind dagegen eher Nachschlagewerke, in denen nicht notwendigerweise alles von jedem gelesen werden muss.

Bei einer technischen Spezifikation nimmt man dagegen an, dass die Ingenieure, welche die Spezifikation lesen, ausreichend Erfahrung mit dem beschriebenen Thema und bereits entsprechendes Vorwissen mitbringen. Da somit die grundlegenden Konzepte als bekannt vorausgesetzt werden können, kann der Autor der Spezifikation mit einem Überblick beginnen und zum Beispiel eine in

Tab. 6.1 Abschlussarbeit versus technische Spezifikation

Charakteristik	Abschlussarbeit oder Lehrbuch	Technische Spezifikation
Benötigtes Wissen	Für den Leser neu	Bekannt
Aufbau	Bottom-up	Top-down
Kapitelstruktur	Vom Einfachen zum Schwierigen	Teile und herrsche mit wachsendem Detaillierungsgrad

der Spezifikation beschriebene Komponente *top down* in immer detailliertere Subkomponenten aufspalten und dann beschreiben.

Eine technische Spezifikation ist also eher ein Nachschlagewerk, in welchem man direkt zum Kapitel des Interesses springen und den Rest zunächst einmal auslassen kann. Die anderen Facetten von Verständlichkeit, nämlich Eindeutigkeit, Korrektheit, Widerspruchsfreiheit (Konsistenz), Vollständigkeit und Rückverfolgbarkeit verdienen jeweils ein eigenes Kapitel.

6.2.2 Eindeutig

Wenn Informationen mehrdeutig sind, erschwert dies das Verständnis enorm. Nehmen Sie z. B. folgende Aussage: „Ich sah den Mann im Park mit dem Fernrohr." Wer hatte nun das Fernrohr? Der Mann im Park? Oder war ich es, der das Fernrohr benutzte, um den Mann zu sehen? Ein stärker technikgetriebenes Beispiel ist in Abb. 6.1 zu sehen.

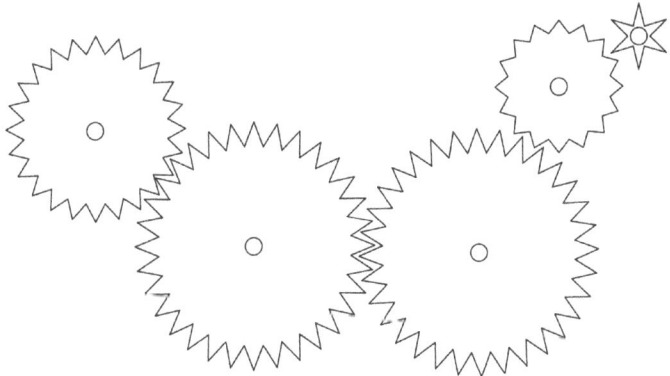

Abb. 6.1 Mehrdeutige Bildunterschrift: „Dreht man das große Zahnrad nach rechts, dreht sich das kleinste nach links."

Lesen Sie einmal die Bildunterschrift und entscheiden Sie, welches Zahnrad das „große" ist.

Sie können hier nicht einfach lesen und verstehen. Sie fangen an zu grübeln. Sie müssen herausfinden, welches der beiden großen Zahnräder gemeint war. Handelt es sich um eine Denksportaufgabe, kann das ganz amüsant sein. Aber der Leser Ihrer Abschlussarbeit findet es bestimmt nicht lustig, wenn er auf derartige Mehrdeutigkeiten stößt. Ihre Abschlussarbeit wird vermutlich um die 80 Seiten haben, und jeder, der Ihre Arbeit liest, wird verärgert über Mehrdeutigkeiten sein. Warum? Ganz einfach. Sie stehlen dem Leser damit Zeit. Üblicherweise lesen gerade solche Personen Ihre Arbeit, die ohnehin wenig Zeit haben, zum Beispiel Ihr Professor oder Ihr potenzieller Chef jener Firma, bei der Sie sich beworben haben. Schauen Sie sich nun Abb. 6.2 an. Deren Inhalt können Sie bestimmt sofort erfassen, denn die übermittelte Information enthält keine Mehrdeutigkeiten mehr.

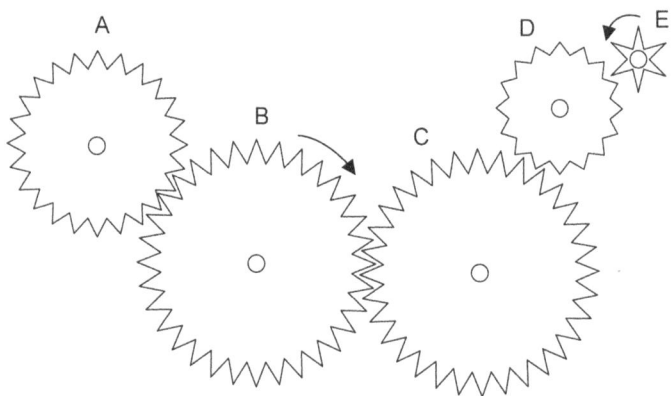

Abb. 6.2 Dreht man Zahnrad B im Uhrzeigersinn, dreht sich Zahnrad E gegen den Uhrzeigersinn

Fazit: Ihre Abschlussarbeit sollten Sie gründlich auf Mehrdeutigkeiten überprüfen oder überprüfen lassen, und bei Auftreten solcher diese dann entfernen.

6.2.3 Korrekt

Selbstverständlich muss alles korrekt sein, was Sie in Ihrer Abschlussarbeit schreiben. Stellen Sie keine Behauptung auf, die Sie nicht beweisen können oder für die Sie keine zuverlässige Quelle haben, welche den Beweis liefert. Andernfalls kann Ihre gesamte Argumentationskette wie ein Kartenhaus zusammenfallen.

> **Wichtig** In der beruflichen Praxis zählt nur die Note Eins, da bei einem Produkt alle kritischen Funktionen korrekt ablaufen müssen. Ihre Abschlussarbeit ist ideal geeignet, um korrektes Vorgehen und Dokumentieren zu üben.

Korrektheit ist notwendig, um die Dinge zum Funktionieren bringen zu können, oder, wie es einer meiner Professoren formuliert hat: „In der Praxis zählt nur die Note Eins." Jeder Fehler, auch ein vermeintlich unbedeutender, kann in Wissenschaft und Technik verheerend sein. Vielleicht kennen Sie die Challenger-Katastrophe 1986, als der NASA-Raumgleiter Challenger 73 Sekunden nach dem Start explodierte. Der Grund waren zwei einfache Dichtungsringe, die unter der Temperaturbelastung brüchig geworden waren, da sie für diese Art von Belastung nicht korrekt ausgelegt wurden.

Oder denken Sie an das Unglück mit der Weltraumrakete Ariane 5 von 1996 (Arnold 2000). Die Rakete explodierte 40 Sekunden nach dem Start – wegen eines Softwarefehlers im Flugkontrollsystem: Die simple Umwandlung einer 64-bit-Fließkommazahl in eine 16-bit-Ganzzahl erzeugte einen numerischen Überlauf, der letztlich in der Katastrophe mündete. Allein der Materialschaden lag bei 600 Mio. EUR.

Während Ihres Studiums werden Sie darauf gedrillt, alles, was Sie tun, korrekt durchzuführen und zu berechnen. Genau mit dieser Grundhaltung müssen Sie auch Ihre Abschlussarbeit angehen – und übrigens auch alles Weitere später im Beruf. Natürlich werden Sie immer wieder Fehler machen, das ist ganz normal, denn jeder macht Fehler. Wichtig ist nur, dass Sie die Fehler finden, bevor das zugehörige Produkt freigegeben wird, sei es ein technisches Gerät, eine wissenschaftliche Veröffentlichung oder eben Ihre Abschlussarbeit.

6.2.4 Widerspruchsfrei

In Ihrer Abschlussarbeit sollte es keine Widersprüche geben, denn sie verhindern, dass alle Argumente, Ableitungen und Schlussfolgerungen nahtlos zusammenpassen.

Widersprüche kommen oft in subtilerem Gewand daher als offensichtliche, eindeutige Fehler. Die einzelnen Bestandteile können korrekt sein, und dennoch passen sie nicht zusammen. Schauen Sie sich die folgende Beschreibung für **Abb. 6.3** an: **Abb. 6.3** zeigt einen Algorithmus, der $\sqrt{z}$ auf effiziente Weise berechnet. Der Algorithmus arbeitet mit dem Newton-Verfahren (NEWT17), welches als Standard zur Nullstellenberechnung einer Funktion $f(x)$ bekannt ist.

Hierzu wird zunächst $x = \sqrt{z}$ quadriert und in die Form $f(x) = x^2 - z = 0$ umgewandelt. Letztere Gleichung kann nun iterativ mit dem bekannten Newton-Verfahren näherungsweise gelöst werden. Die Iterationsvorschrift nach

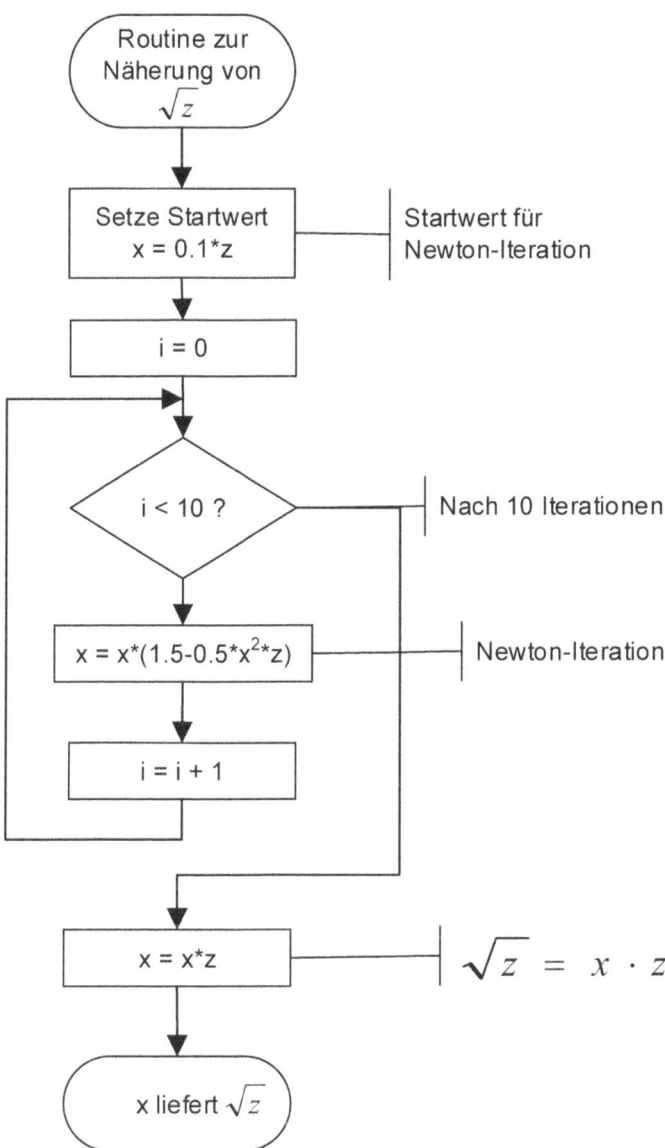

Abb. 6.3 Flussdiagramm zur Berechnung der Quadratwurzel von z

Newton lautet: $x_{n+1} = x_n - \frac{f(x_n)}{f'(x_n)}$. Benutzt man den Startwert $x_0 = 0{,}1 \cdot z$ liefert der in **Abb. 6.3** gezeigte Algorithmus den Näherungswert für $x = \sqrt{z}$ nach zehn Iterationen.

Die Beschreibung, die Sie soeben gelesen haben, macht durchaus Sinn, nicht wahr? Aber irgendwie passt die letzte Operation, $x = x * z$, nicht zum Text, die Operation kommt im Text gar nicht vor. Also haben wir eine Inkonsistenz, einen Widerspruch mit der verbalen Beschreibung und dem Flussdiagramm aus Abb. 6.3. Nun weiß man nicht: Hat der Autor die Operation einfach vergessen? Oder hat er, warum auch immer, „nur" eine Informationslücke gelassen?

Haben Sie die Formel für die Newton-Iteration im Flussdiagramm bereits geprüft? Wenn Sie den Algorithmus tatsächlich analysieren, werden Sie feststellen, dass die Inkonsistenz weit mehr beinhaltet als lediglich die letzte unerklärliche Operation. Der Algorithmus in Abb. 6.3 berechnet tatsächlich $\sqrt{z}$, er benutzt jedoch einen kleinen Trick, indem nämlich zunächst $x = \frac{1}{\sqrt{z}}$ approximiert wird, um dann zum Schluss die Wurzel über $z \cdot x = \sqrt{z}$ zu berechnen. (Dieser Trick wird, nebenbei bemerkt, gerne beim Rechnen auf Signalprozessoren oder FPGAs herangezogen, um keine Divisionen in der Iterationsschleife ausrechnen zu müssen).

Hieran wird gut sichtbar, wie zwei Einzelteile absolut korrekt sein können, aber eben nicht zusammenpassen. Die Dinge werden verständlicherweise noch viel heimtückischer, wenn die Widersprüche nicht so lokal beieinanderstehen, wie in diesem einfachen Beispiel. Stellen Sie sich vor, Ihr Thema wäre so komplex, dass Sie viele Kapitel benötigen, um es zu beschreiben (was in einer Abschlussarbeit oft der Fall ist). Wenn sich die Widersprüchlichkeit nun in verschiedenen Kapiteln befindet, die vielleicht auch noch weit auseinander liegen, dann ist es äußerst herausfordernd, diese aufzudecken. Da Sie am tiefsten mit der Materie vertraut sind, ist es an Ihnen, solche Widersprüchlichkeiten zu verhindern. Es könnte sein, dass der Leser diese nicht entdeckt und der Irrtum erst viel später zum Vorschein kommt. Im schlimmsten Fall passiert das später in Ihrem Berufsleben nach Auslieferung des Produktes, an dem Sie gearbeitet haben. Also gewöhnen Sie sich bereits bei Ihrer Abschlussarbeit an, auf Widerspruchsfreiheit zu achten.

6.2.5 Vollständig

Vollständigkeit ist einer der wichtigsten Aspekte von Verständlichkeit, wie Sie bereits in Abschn. 2.1.2 gesehen haben. Es sollte keine Informationslücken in Ihrer Abschlussarbeit geben, die wichtig für das Verständnis sind. Auf der anderen Seite ist es aber auch nicht notwendig, jedes Detail zu erklären, das man als Grundlagenwissen voraussetzen kann. Oft genügt ein Verweis auf die Literatur. Im vorherigen Beispiel der Wurzelberechnung habe ich zum Beispiel das Newton-Verfahren nicht beschrieben, sondern lediglich den Literaturverweis (NEWT17) angegeben. Er gibt die Möglichkeit, mehr über das Newton-Verfahren nachzulesen, um es dann letztlich voll verstehen zu können. Es obliegt Ihnen, welche Teile Sie ausführlich beschreiben, um den Gedankenfluss des Lesers ausreichend zu unterstützen, und welche Dinge Sie lediglich per Literaturverweis abhandeln. Um dies zu entscheiden, müssen Sie das Wissen abschätzen, welches Sie bei Ihrer Leserschaft voraussetzen dürfen. Da Sie bei einer Abschlussarbeit noch wenig Erfahrung hiermit haben, wird Ihr Betreuer Sie an dieser Stelle unterstützen. Im späteren Berufsleben, wird

Ihnen die Einschätzung zunehmend leichter fallen, sodass Sie immer weniger Hilfe benötigen werden.

6.2.6 Rückverfolgbar

Rückverfolgbarkeit ist ein häufig unterschätztes Konzept. Es beschäftigt sich damit, wie verschiedene Informationselemente zueinander führen oder auseinander hervorgehen. Wiki-basierte Dokumente benützen klassischerweise Links als Verweise auf andere Webseiten, um Rückverfolgbarkeit herzustellen.

In Ihrer Abschlussarbeit sollte auf jeden Fall Rückverfolgbarkeit auf unterster Ebene zu Abbildungen, Tabellen, Kapitelnummern, Gleichungsnummern und Literaturverweisen existieren. Diese Art Rückverfolgbarkeit finden Sie auch hier in diesem Buch: Abbildungen zum Beispiel werden immer eindeutig über die Abbildungsnummer referenziert, ebenso Tabellen und Gleichungen, wenn letztere an exponierter Stelle stehen. Literatur wird über eine spezielle Syntax wie etwa (NEWT17) identifiziert, die Sie dann im Literaturverzeichnis wiederfinden.

Gleichermaßen ist es wichtig, dass Sie die Namensgebung konsistent halten, wenn Sie zum Beispiel Komponenten benennen. Eine bestimmte Komponente sollte immer nur einen eindeutigen, gleichbleibenden Namen tragen, sodass Sie in Ihrer Abschlussarbeit bei der Suche nach diesem Namen auf alle Stellen stoßen, wo die entsprechende Komponente genannt ist.

> **Wichtig** In Ihrem späteren Berufsleben wird Rückverfolgbarkeit oder „Verlinkung" besonders wichtig werden, da es zu einem Produkt viele Dokumente geben wird. Deren Zusammenspiel muss vollkommen klar sein.

In Ihrem späteren Berufsleben wird Rückverfolgbarkeit noch viel wichtiger werden, als dies bei Ihrer Abschlussarbeit der Fall ist. In einem großen Projekt werden nicht nur eines, sondern viele Dokumente geschrieben (potenziell von verschiedenen Personen), die alle zusammenhängen. Gerade dann müssen Informationen über ein Thema oder eine Komponente lückenlos auffindbar sein.

In großen Softwareprojekten muss es auch Rückverfolgbarkeit zwischen Anforderungen, den Entwurfsspezifikationen, Testfällen, Testprogrammen, Testresultaten, Fehlerberichten und Softwareversionen geben. Es muss zum Beispiel möglich sein, einen festgestellten Fehler der verwendeten Softwareversion zuzuordnen. Es muss auch klar sein, ab welcher Version der Fehler repariert wurde. Auch die Testfälle, die zur Überprüfung dienen, ob der Fehler abgestellt wurde, müssen eindeutig zuordenbar sein. Sollte sich der Fehler in einer bereits ausgelieferten Softwareversion befinden, muss klar sein, welche Anforderungen dadurch verletzt werden, sodass man die Kunden darüber unterrichten kann. Und es muss klar sein, welche Komponenten des Designs durch die verletzten Anforderungen betroffen sind. Dann kann man sich gezielt daran machen, den Fehler zu beheben, oder einen sogenannten *workaround* formulieren. Ein Beispiel: 2015 wurde bekannt, dass es beim „Dreamliner", der Boeing 787, unter bestimmten Umständen dazu kommen kann, dass sich die gesamte Stromversorgung während des Fluges abschaltet. Warum? Bei einer bestimmten ganzzahligen Variablen im Programmcode des Flugzeuges kann ein Überlauf auftreten, wenn das Flugzeug mehr als 248 Tage ununterbrochen eingeschaltet war. Hierzu muss man wissen, dass es üblich ist, ein Passagierflugzeug permanent eingeschaltet zu lassen, auch wenn es gelandet ist und für den nächsten Flug vorbereitet wird. Man tut dies, um Zeit zu sparen. Der *workaround* ist damit offensichtlich: Beim Dreamliner gibt es eine operative Anweisung, das Flugzeug regelmäßig abzuschalten – und zwar innerhalb einer Zeit, die kürzer ist als 248 Tage.

6.3 Wissenschaftlich schreiben

Die vorangegangenen Kapitel haben Ihnen verraten, welche Eigenschaften für technische oder wissenschaftliche Dokumente, wie etwa Ihre Abschlussarbeit, besonders wichtig sind. Nun erfahren Sie, wie Sie am besten vorgehen, um Ihre Abschlussarbeit zu schreiben.

6.3.1 Schritt für Schritt

Wenn Sie vor der Aufgabe stehen, eine Abschlussarbeit zu schreiben, wird Ihnen Ihr Betreuer zunächst das Thema erläutern und die erforderlichen Wissensgebiete sowie die bestehenden Wissens- beziehungsweise Forschungslücken darlegen, die von Interesse sind. Es wird dann Ihre Aufgabe sein, Informationen zu sammeln, um das fehlende Wissen zu erarbeiten und die Lücken zu füllen beziehungsweise eine Lösung zu bestehenden Fragen zu finden. Diese Aufgabe wird in aller Regel neu für Sie sein, da Sie so etwas bisher noch nicht gemacht haben. Sie brauchen aber keine Sorge zu haben, dass Sie etwas so Spektakuläres erreichen oder finden müssen, dass Sie der Aufgabe nicht gewachsen sind. Das ist in einer Abschlussarbeit nicht gefordert. Man möchte von Ihnen selbständiges, wissenschaftliches Arbeiten, um ein klar definiertes Ziel zu erreichen. Ihre Arbeitsergebnisse werden für Ihren Betreuer und sein Institut auf jeden Fall wichtig und interessant sein, sonst würde man die Arbeit gar nicht vergeben.

Ihre Abschlussarbeit soll am Ende eine gute Struktur aufweisen, die den Kriterien nach Abschn. 6.2 entspricht. Ihre Forschungsarbeiten müssen aber nicht gleich von vorneherein im Einklang mit diesen Kriterien stehen. Da Sie sich wissensmäßig auf neuem Terrain bewegen, werden Sie sich zunächst neues Wissen aneignen müssen. Dabei wird es bei der Lösungsfindung zum gestellten Problem einiges an Versuch und Irrtum geben, und Sie werden vermutlich verschiedene Lösungsansätze untersuchen, um letztlich den geeignetsten zu finden.

Bei Ihrer Aufgabe handelt es sich im Prinzip um eine große Denksportaufgabe. Sie müssen sammeln, forschen, einordnen, strukturieren und neu zusammensetzen. Ganz nebenbei bemerkt, ist diese Art vorzugehen nicht spezifisch für die Naturwissenschaften oder das Ingenieurswesen. Auch in der Kunst geschieht es oft so. Der berühmte Wolfgang Amadeus Mozart benutzte die Elemente Sammeln, Strukturieren und Neu-Zusammensetzen sehr intensiv beim Komponieren seiner faszinierenden Musikstücke. Auch viele Autoren, zum Beispiel Michael Crichton, haben intensive Forschungsarbeit zu Hintergrundinformationen betrieben und sammelten eine Menge an Fakten, bevor sie einen Roman schrieben. Berühmte Maler malen oft viele Versionen eines Bildes, bevor sie mit dem Endprodukt zufrieden sind. Der Erfinder Thomas A. Edison formulierte es so: „Genie ist ein Prozent Inspiration und neunundneunzig Prozent Transpiration." Und das kommt nicht von ungefähr.

Wenn Sie nach der ersten Einarbeitungsphase schon einen gewissen Überblick über Ihr Themengebiet haben, sollten Sie sich durchaus schon Gedanken machen, wie Sie Ihre Abschlussarbeit prinzipiell aufbauen. Für eine Bachelor- oder Masterarbeit ist das Thema im Allgemeinen wohldefiniert, sodass Sie sich schon nach etwa einem Drittel der zur Verfügung stehenden Gesamtzeit eine erste Dokumentenstruktur überlegen können.

Bei einer Doktorarbeit sind die Forderungen nach Innovation wesentlich höher. Unter Umständen benötigen Sie hier bis zum Ende des zweiten Drittels, bis Sie beginnen zu erkennen, wie die Struktur Ihrer Dissertation aussehen könnte.

Wie ich schon vorher gesagt habe, sollten Abschlussarbeiten *bottom-up* aufgebaut sein, da hier Themen behandelt werden, die für Sie und auch viele Leser Ihrer Arbeit neu sind.

In Ihrer späteren beruflichen Karriere wird es dagegen eher vorkommen, dass Sie und Ihre Leser das behandelte Wissensgebiet beherrschen, zum Beispiel, wenn Sie eine Entwurfsspezifikation schreiben müssen. Hier ist dann eine *Top-down*-Struktur des Dokuments angebracht und, im Unterschied zu Ihrer Abschlussarbeit, wird die Struktur und das Inhaltsverzeichnis das Erste sein, was Sie erstellen. Das Inhaltsverzeichnis sollte dann mit ausreichend feiner Granularität erstellt werden, damit Sie möglichst gut definieren, was letztlich zu tun ist und wieviel Aufwand Sie benötigen werden. Ihren Vorgesetzten wird gerade die Aufwandsabschätzung besonders interessieren. Auch hier gibt es wieder einen deutlichen Unterschied zwischen Abschlussarbeit und Designspezifikation: Bei ersterer haben Sie einen festen Zeitrahmen und versuchen innerhalb dessen ein bestmögliches Ergebnis zu erzielen. Bei der Designspezifikation ist meist die Qualität des Ergebnisses vorgeschrieben, und Sie sollen den Aufwand dafür abschätzen. Das geht natürlich nur, wenn Sie das Stoffgebiet beherrschen.

Die Aktivität der Aufwandsabschätzung wird später im Beruf übrigens sehr wichtig werden. Denn bevor eine Firma sich entscheidet, ein Produkt zu bauen, muss klar sein, dass Entwicklungs- und Herstellkosten genügend

6 Schreiben einer Abschlussarbeit

Gewinnspanne erlauben. Andernfalls lohnt es sich nicht, das Produkt überhaupt zu entwickeln.

> **Wichtig** Nach jedem Schritt beim Erstellen Ihrer Abschlussarbeit sollten Sie einen Überprüfungsschritt einbauen, um Schwachstellen, Fehler und Ungereimtheiten möglichst früh zu entdecken.

Unabhängig davon, ob Sie nun eine Abschlussarbeit nach dem Prinzip *bottom-up* oder eine technische Spezifikation gemäß *top-down* erstellen müssen, sollten Sie iterativ vorgehen, also Schritt für Schritt. Das in Abb. 6.4 dargestellte Vorgehen wird auch „Wasserfallmodell" genannt und ist eine der bekanntesten und einfachsten iterativen Vorgehensarten: Die Aufgabe wird in Phasen unterteilt und eine Folgephase startet stets erst nach Abschluss der Vorgängerphase. Unglücklicherweise funktioniert das Wasserfallmodell in der Praxis nur dann, wenn die Details jeden Schrittes im Voraus genau bekannt sind, etwa wie beim Bau eines Fertighauses oder beim Zusammenbau von Selbstbaumöbeln. Aber Sie werden vielleicht selbst

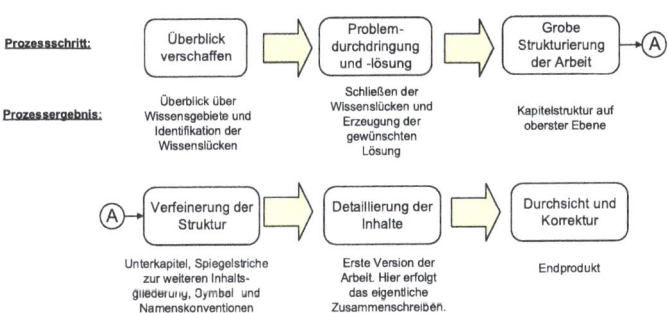

Abb. 6.4 Wasserfallprozess zum Schreiben einer Abschlussarbeit (funktioniert nur in einer idealen Welt)

schon erlebt oder gehört haben, dass auch beim Bau eines Hauses viele unvorhergesehene Fehler passieren können: Zum Beispiel sollte einmal ein Installateur in meinem Haus für das Gästebad einen neuen Innenraum gestalten. Der Innenraum sollte einen Wasseranschluss haben, Wände und Boden sollten gekachelt werden und der Raum sollte eine neue Beleuchtung bekommen. Nachdem nahezu alles fertig war, Fliesen und Lampen frisch angebracht waren, ging es nur noch um einige Dübel für den Spiegel über dem Waschbecken. Dafür bohrte der zuständige Handwerker das erste Loch – und durchtrennte dabei die Stromzufuhr für die neue Beleuchtung. Er hatte keine Wahl: Er musste die Wand öffnen, den Leitungsschaden reparieren, die Wand wieder schließen und die Kacheln wieder in Ordnung bringen. Er musste „re-iterieren". So muss bei jedem nicht-trivialen Unterfangen die Möglichkeit zur Korrektur von Fehlern eingeplant werden, denn wenn die Schritte nur ausreichend zahlreich sind, werden Fehler passieren. Ein reines Wasserfallmodell führt daher unter realistischen Bedingungen nur selten zum Erfolg. Dennoch liefert uns das Wasserfallmodell aus Abb. 6.4 wertvolle Einsichten in das ideale Vorgehen für das Schreiben einer Abschlussarbeit.

Ein Prozessmodell, das berücksichtigt, potenziell zu Vorgängerphasen zurückspringen zu können, wie jenes aus Abb. 6.5, ist daher realistischer. Abb. 6.5 zeigt der Einfachheit halber dabei nur Rücksprünge zur jeweils direkten Vorgängerphase. Im wahren Leben kann es aber durchaus auch Rücksprünge über mehrere Phasen geben. Je mehr Phasen dabei beteiligt sind, umso stärker wächst im Allgemeinen der Gesamtaufwand. Im Software-Engineering gibt es den Begriff *phase containment*. Er ist folgendermaßen definiert:

6 Schreiben einer Abschlussarbeit

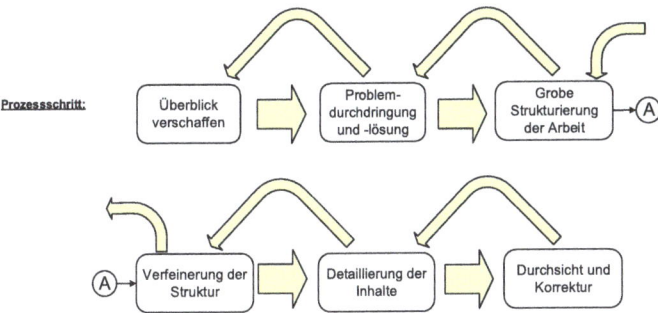

Abb. 6.5 Ein Prozessmodell, welches erlaubt, auch zu vorangegangenen Prozessschritten zurückzukehren, ist realistischer

$$\text{phase containment} = \frac{\text{In Arbeitsschritt n \textbf{gefundene} Fehler}}{\text{In Arbeitsschritt n \textbf{gemachte} Fehler}}$$

Es leuchtet Ihnen sicher ein, dass man das *phase containment* nahe bei 1 halten will, das heißt Fehler, die in einer Phase gemacht werden, sollten möglichst in derselben Phase gefunden werden. Stellen Sie sich vor, dass Sie für die Abschlussarbeit eine Aufgabe bekommen, zu der Sie sich einen Lösungsansatz überlegt haben, und diesen nun verfolgen. Vielleicht beinhaltet Ihr Lösungsansatz, dass Sie ein Analyseprogramm schreiben müssen, welches bestimmte Werte messen und grafisch auswerten soll. Wenn Sie nun erst beim Programmieren bemerken, dass Ihr Lösungsansatz nicht zum Ziel führt, kann es sein, dass Ihre gesamten Programmierbemühungen vergebens waren. Dies wäre ein typischer Fall, in dem das *phase containment* kleiner als 1 ist. Es wäre besser gewesen, Ihren Lösungsansatz mit Ihrem Betreuer durchzusprechen und gedanklich tief genug zu durchdringen. Eventuell hätte eine Literaturrecherche, die untersucht, ob ein ähnlicher Ansatz schon einmal erfolgreich verwendet wurde, das Risiko weiter verringern können. In jedem Fall sollten Sie beim Übergang zu einer nächsten Phase genügend Absicherungsmaßnahmen ergreifen, um das Risiko eines falschen Herangehens oder sogar einer Themaverfehlung zu minimieren.

Sie sollten immer versuchen, nicht zu oft über mehrere Phasen zurückspringen zu müssen. Manchmal lässt sich dies aber nicht verhindern, auch wenn Sie korrekt vorgegangen sind.

Bei meiner Doktorarbeit passierte mir genau dies, nämlich dass ein Rücksprung über mehrere Phasen notwendig wurde. Ich saß damals an einigen innovativen Algorithmen zur „Fast Hartley Transform", kurz FHT. Ich hatte schon mehrere Monate daran gearbeitet und interessante Resultate erzielt, die ich in einer wissenschaftlichen Veröffentlichung zusammenfassen wollte. Als ich gerade mittendrin steckte, erschien die neueste Ausgabe der „Signal Processing Letters". Dort las ich genau die Erkenntnisse und algorithmischen Zerlegungen, die ich mir mühsam selbst erarbeitet hatte. Andere Wissenschaftler waren ohne mein Wissen auf dieselbe Idee gekommen und hatten ihre Veröffentlichung vor mir platziert. Damit waren all meine eigenen Ergebnisse für meine Dissertation null und nichtig, da man in einer Dissertation der Erste sein muss, der eine Innovation präsentiert. Also musste ich noch einmal von vorne anfangen. Sie können sich sicher vorstellen, wie frustriert ich war, da ich viele Ideen und Monate intensiver Arbeit nun verwerfen musste.

Es gibt noch einen weiteren Umstand, weswegen Sie eventuell Phasen überspringen müssen. Um einen Ansatz auf seine Richtigkeit und Nachhaltigkeit zu überprüfen, müssen Sie manchmal sehr tief in das neue Gebiet vordringen. Eventuell müssen Sie praktische Aufbauten machen und auch Programme schreiben. Das ist typisch für forschungslastige Arbeiten. So gewonnene Ergebnisse können glücklicherweise oft auch dann in Ihre Abschlussarbeit einfließen, wenn diese nicht zum gewünschten Gesamtergebnis führen, sondern eher beschreiben, welches Herangehen nicht zum Erfolg führt. Auch solche Informationen sind wertvoll, um aufzuzeigen, welche Wege ungünstig sind. Das kann vor allem dann sehr wichtig werden, wenn andere Studenten oder Forscher Ihr Thema weiterbearbeiten sollen. Dieses Ausloten von Ansätzen passiert übrigens durchaus auch in der industriellen Praxis in Entwicklungsprojekten. Man nennt es dann *rapid prototyping* oder *proof of concept*, wo man Konzepte bis zu einem gewissen Reifegrad entwickeln muss, um deren Sinnhaftigkeit nachweisen zu können. Das Beschreiten von „Irrwegen" geschieht sogar regelmäßig bei hochinnovativen Projekten. Rechnen Sie also durchaus damit, wenn Ihre Abschlussarbeit einen hohen Innovationsgrad hat. Dennoch oder vielmehr gerade deshalb sollten Sie unbedingt die Ergebnisse Ihrer bisher durchgeführten Arbeit überprüfen und die nächsten Schritte gut durchdenken. Diskutieren Sie die Inhalte mit Ihrem Betreuer und Ihren Kommilitonen, damit Sie möglichst wenig Arbeiten durchführen, die später nicht nutzbar sind.

6.3.2 Klar strukturieren

Ihre Abschlussarbeit sollte klar und logisch aufgebaut sein. Die Leser sollten Ihre Arbeit Seite für Seite lesen und verstehen können. Das menschliche Gehirn denkt linear, ein Schritt nach dem nächsten, und der *Bottom-up*-Ansatz unterstützt diese Denkweise sehr gut.

> **Wichtig** Ihre Arbeit sollte nach dem Prinzip „vom Einfachen zum Komplizierten" strukturiert sein. So verstehen Leser die Sachverhalte am besten.

Sie sollten also zunächst in die Grundlagen des Themas einführen und den aktuellen Forschungsstand darlegen, bevor Sie zu den weiterführenden Aspekten kommen. Abb. 6.6 zeigt eine typische, übergeordnete Struktur einer Abschlussarbeit, die im Wesentlichen (Ratiu et al. 2010) entnommen ist. (Ratiu et al. 2010) bieten Ihnen, nebenbei bemerkt, eine sehr gute Einführung in das Schreiben einer Doktorarbeit, die Informationen und Hinweise sind aber größtenteils auch auf Bachelor- oder Masterarbeiten anwendbar. Die Struktur Ihrer eigenen Arbeit muss natürlich nicht zwangsweise genauso wie jene aus Abb. 6.6 aussehen, aber sie ist sehr vernünftig und benötigt vermutlich nur einige Anpassungen, damit Sie Ihrem speziellen Themengebiet gerecht wird.

Die Kap. 3 und 4 in Abb. 6.6 machen den Hauptteil Ihrer Arbeit aus und werden damit auch den größten Platz beanspruchen. Wenn Ihr Thema komplex ist, werden

Titelseite
Gesamtüberblick über die Arbeit
Erklärung der eigenständigen Erstellung der Arbeit
Danksagungen (optional)
1. Einführung und Stand der Technik, Literaturübersicht
2. Hintergrund der Aufgabe und eingeschlagene Vorgehensweise
3. Hauptteil (mehrere Sektionen/Kapitel ... nach Bedarf)
4. Resultate und Diskussion (mehrere Sektionen/Kapitel ... nach Bedarf)
5. Zusammenfassung
6. Literaturverzeichnis
7. Abkürzungsverzeichnis
8. Anhang

Abb. 6.6 Struktur einer Abschlussarbeit, wie (Ratiu et al. 2010) sie vorschlagen

6 Schreiben einer Abschlussarbeit

Sie entsprechend viele Unterkapitel benötigen, die ebenfalls klar und logisch strukturiert sein sollten. Lassen Sie mich ein Beispiel anführen: Angenommen, in Ihrer Bachelorarbeit müssen Sie ein Open-Source Smartphone beschreiben, für welches Sie einige Komponenten entwickeln. Das Smartphone möge dabei den allgemeinen Aufbau gemäß Abb. 6.7 haben. Dann ist es sinnvoll, die Unterkapitel so aufzuteilen, wie sie rechts in Abb. 6.7 zu sehen sind. Dabei reflektieren die Kapitel schlicht und einfach die Art und Weise, wie das Smartphone aufgebaut ist. Es ist immer leicht nachvollziehbar, wenn Ihre Kapitelstruktur sich an der Struktur des beschriebenen Objektes orientiert, auch wenn in einigen der Unterkapitel vielleicht nur wenige Zeilen Text vorkommen (weil die zugehörigen Komponenten zum Beispiel nicht Teil Ihrer Arbeit waren). So vermitteln Sie dem Leser Vollständigkeit der Abhandlung und das gute Gefühl, dass vermutlich nichts Wichtiges vergessen wurde. An dieser Stelle sollten Sie natürlich Augenmaß walten lassen und nicht zu viele

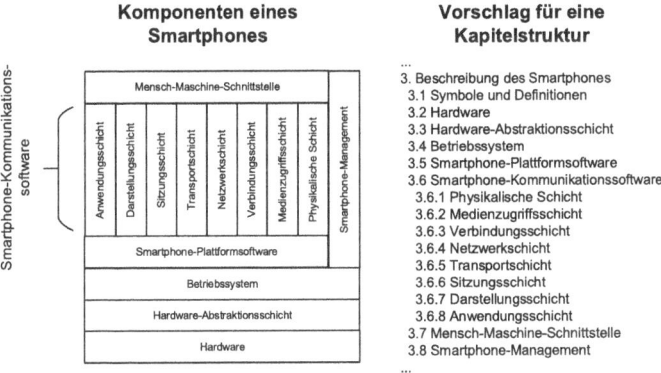

Abb. 6.7 Vereinfachter Aufbau eines fiktiven Smartphones (links) und die dazu passende Kapitelstruktur (rechts)

nahezu leere Kapitel erzeugen. Wenn das Hauptthema Ihrer Arbeit die „Smartphone Plattform Software" ist, müssen Sie Abschn. 3.6 „Smartphone Kommunikationssoftware" nicht unbedingt weiter in Unterkapitel unterteilen, so wie in Abb. 6.7 gezeigt. Hier genügt eine sehr kurze Beschreibung der Aufgaben der Bestandteile der „Smartphone Kommunikationssoftware", damit verständlich wird, was das Gesamtgerät leisten muss.

Es ist übrigens guter Stil, dem Leser trotz aller Klarheit mitzuteilen, wie die Kapitel strukturiert sind. In Abb. 6.7 gliedern sich die Kapitel zum Beispiel beginnend von der untersten Funktionsschicht „Hardware" bis hin zur obersten „Mensch-Maschine-Schnittstelle". Ist eine der Funktionsschichten in weitere Subfunktionen unterteilt, wie zum Beispiel die „Smartphone Kommunikationssoftware", werden diese Subfunktionen von links nach rechts behandelt. Die Komponente „Smartphone Management" wird zuletzt behandelt, da sie das Verständnis mehrerer Funktionsschichten voraussetzt, die daher idealerweise vorher beschrieben werden. Durch diese kurze Angabe über Ihren Kapitelaufbau verbessern Sie bei den Lesern das Verständnis für Ihre Beschreibungslogik und diese finden sich im Dokument besser zurecht.

6.3.3 Abkürzungen definieren

Um bestimmte wissenschaftliche oder ingenieursmäßige Sachverhalte kurz und übersichtlich zu beschreiben, werden sehr häufig Abkürzungen verwendet. Andernfalls würden Erklärungen übermäßig wortreich, sodass wichtige Zusammenhänge möglicherweise nicht klar genug hervortreten.

Sobald Sie Abkürzungen verwenden, sollten Sie darauf achten, dass der Leser diese auch kennt, denn Abkürzungen sind oft nicht selbsterklärend. Angenommen, ich verwende das Symbol Ω, wissen Sie dann, was ich damit meine? Das Symbol Ω wird häufig für unterschiedliche Größen verwendet: die Kreisfrequenz, der elektrische Widerstand oder möglicherweise auch irgendeine andere Größe, die ich selbst definiert habe.

> **Wichtig** Achten Sie darauf, alle Abkürzungen, Symbole, Notationen und Farbgebungen zu erläutern. Andernfalls gerät der Leser eventuell ins Stocken, da ihm Informationen fehlen.

Sie können also nicht erwarten, dass jeder Leser alle Abkürzungen kennt, die Sie benutzen. Es ist ein übliches und gutes Vorgehen, alle Abkürzungen bei ihrem ersten Auftreten zu erklären und zusätzlich in einem Abkürzungsverzeichnis aufzuführen, welches entweder am Anfang oder am Ende der Abschlussarbeit eingefügt wird (siehe Kap. 6 in Abb. 6.6). Es gibt zwei Hauptgründe für das zusätzliche Verzeichnis der Kürzel: Erstens wird der Leser vermutlich einige Abkürzungen vergessen, während er Ihre Arbeit liest. Das passiert vor allem dann, wenn Ihre Arbeit umfangreich ist und die entsprechenden Abkürzungen eher selten vorkommen. Dann ist es gut, wenn man weiß, wo man nachschlagen muss, um die Bedeutung einer Abkürzung nachzulesen. Das Auffinden jener Stelle, wo die Abkürzung erläutert wurde (nämlich beim ersten Auftreten), ist im Allgemeinen mühsam, wenn man keine elektronische Variante Ihrer Arbeit besitzt.

Es gibt aber noch einen zweiten wichtigen Grund: Wenn Sie sich nach Ihrem Studium auf eine Stelle bewerben, kann es sein, dass Ihr potenzieller Arbeitgeber Sie bittet, ihm Ihre Arbeit zuzusenden, damit er einen besseren Einblick in Ihre Arbeitsweise erhält. Die Person, die Ihre Arbeit dann anschaut, hat normalerweise nicht die Zeit, diese von vorne bis hinten zu lesen. Also wird derjenige Ihre Arbeit zunächst durchblättern, um sich einen Überblick über den allgemeinen Aufbau zu verschaffen und dann bei besonders interessanten Kapiteln verweilen. Wenn nun Abkürzungen im Text auftauchen, ist nicht offensichtlich, wo diese zuerst erklärt wurden, das heißt, der Leser muss erst einmal suchen. Wenn die Suche umständlich ist, kann es sein, dass der Leser ungeduldig wird und eine negativere Haltung der Arbeit gegenüber einnimmt. Ein Abkürzungsverzeichnis ist also in jedem Falle angebracht und wichtig.

6.3.4 Notationen definieren

Es ist sehr wichtig, dass Sie Ihre Notationen gleich zu Beginn definieren, und zwar bevor sie zum ersten Mal im Text verwendet werden. Wenn Sie die Notationen häufig verwenden, macht es sogar Sinn, ein Kapitel „Symbole und Definitionen" anzulegen. In Abb. 6.7 (Abschn. 3.1) ist so ein Kapitel angedeutet.

6.3.5 Legenden nutzen

Wenn Sie eine bestimmte Notation nur einmal in einer Abbildung benötigen, beschreiben Sie die Notation am besten in einer Legende, die vorzugsweise am unteren Bildrand zu finden ist. In jedem Falle sollte die Notation eindeutig und verständlich sein. Nehmen Sie zum Beispiel das Zustandsdiagramm aus Abb. 6.8 und decken Sie erst einmal die Legende mit einem Blatt Papier oder ähnlichem ab. Sie müssen die Abbildung dann eine ganze Weile studieren, bevor Ihnen klar wird, was die verschiedenen Arten der Klammersymbole (normal, eckig,

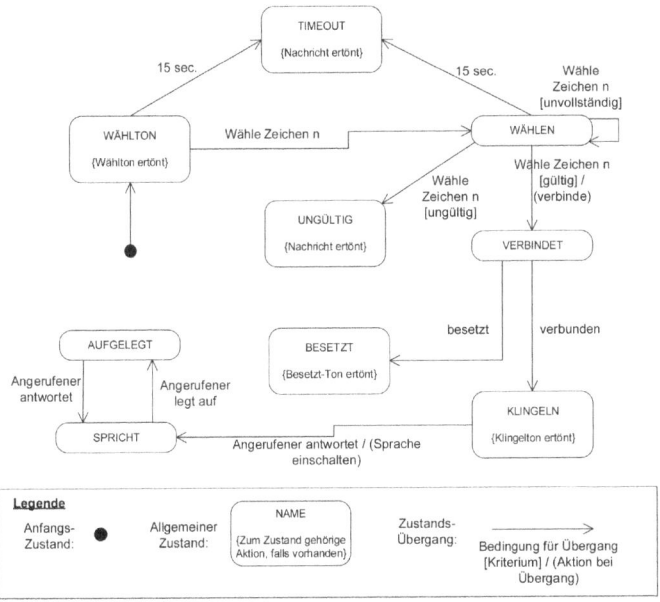

Abb. 6.8 Zustandsdiagramm eines einfachen Telefonanrufs mit Legende der Notationen

geschweift) bedeuten sollen. Ebenso müssen Sie sicher eine Zeit lang über die Notation sinnieren, welche zusammen mit den Übergangspfeilen verwendet wird. Erst dann wird Ihnen klar werden, dass der Text vor dem Schrägstrich die Übergangsbedingung ist und der Text danach die Aktion darstellt, die während des Übergangs stattfindet.

Sie sparen dem Leser wertvolle Zeit, wenn Sie diese Zusammenhänge in einer Legende erklären, so wie es in Abb. 6.8 gemacht ist.

6.3.6 Reichlich illustrieren

„Ein Bild sagt mehr als tausend Worte." Dieses Sprichwort ist bekannt und sehr wahr obendrein: Der Mensch hat einen hochentwickelten visuellen Sinn mit der ausgeprägten Fähigkeit, Muster zu erkennen. Schon unsere Vorfahren benötigten diese Fähigkeit um etwa Beute, reife Früchte, Gesichter oder gefährliche Tiere oder Regionen auszumachen. An Ihre Träume erinnern Sie sich im Allgemeinen ebenfalls in Form von Bildern. Wir lieben es Spielfilme anzuschauen, auch bebilderte Magazine sind deutlich beliebter als textorientierte Tageszeitungen. Eine ganze Industrie, die Smartphone-Industrie, hat sich auf eine bildhafte Darstellung verlegt, und auch Anzeigen werden normalerweise von ansprechenden Grafiken getragen.

Auch in den Wissenschaften und dem Ingenieurswesen sind Bilder und Grafiken sehr beliebt, und Sie sollten sich derer bedienen, wann immer möglich.

Stellen Sie sich vor, Sie müssten die Funktionsweise des Telefonanrufes von Abb. 6.8 aus einer rein textuellen Beschreibung heraus verstehen: ein sehr mühsames Unterfangen. Oder denken Sie an die „Zweibein"-Geschichte aus Abschn. 2.3.

> **Wichtig** Alle in Bildern gezeigten Elemente sollten im Text vorkommen und erläutert werden – es sei denn, Sie weisen ausdrücklich auf die fehlende Erläuterung hin. Das Fehlen sollten Sie dann aber sinnvoll begründen.

Wenn Sie Abbildungen verwenden, sollten Sie ein paar Grundregeln beherzigen:

- Jede Abbildung muss eine prägnante Bildunterschrift und eine eindeutige Abbildungsnummer erhalten. Letztere dient zum Referenzieren innerhalb Ihres geschriebenen Textes. Viele Leser werden Ihre Arbeit lediglich durchblättern (zumindest am Anfang) und sich nur die Abbildungen anschauen. Zusammen mit

- den Bildunterschriften sollte sich bereits eine „Story" ergeben.
- Es ist sehr wichtig, dass jede Abbildungsnummer auch im Text referenziert und die Abbildung selbst erläutert wird. Wenn Sie lediglich die Abbildung ohne weitere Erläuterung einfügen, ist die Wahrscheinlichkeit sehr hoch, dass die Inhalte nicht verständlich sind. In diesem Fall ist die Abbildung deutlich weniger aussagekräftig als „tausend Worte", denn Sie stehlen Ihrem Leser nur Zeit, wenn dieser versucht, das Rätsel Ihrer Abbildung zu entschlüsseln.
- Alle stilistischen Elemente in Ihrer Abbildung oder Grafik müssen auch eine Bedeutung haben und irgendwo definiert sein. Wenn Sie zum Beispiel Farben nutzen oder die verwendeten Linien dünn, dick, durchgezogen oder gestrichelt sind, muss die Bedeutung hierfür klar sein. Am besten Sie verwenden zur Erläuterung eine Legende (siehe Abschn. 6.3.4), oder die Erklärung findet sich bereits in dem Kapitel über „Symbole und Definitionen" (vgl. Abb. 6.7).
- Jedes dargestellte Element in Ihrer Abbildung muss im Text genannt werden, es sei denn, es wird bewusst ausgelassen. Wenn Sie Letzteres tun, müssen Sie Ihren Lesern dies mitteilen und dies auch begründen. Die einfachste, aber meist nicht ganz zufriedenstellende Begründung ist „die Erläuterung der Elemente xyz würde den Rahmen der Arbeit sprengen" oder „um die Erläuterung auf das Wesentliche zu beschränken, …". In einem solchen Fall sollten Sie den Lesern Hinweise geben, wie sie an detailliertere Informationen kommen können.
- Stellen Sie sicher, dass alle Achsen einer Grafik auch beschriftet sind und alle Elemente einen eigenen Namen erhalten. Nur so lässt sich alles eindeutig im Text identifizieren.

Prüfen Sie doch einmal Abb. 6.9: Sind alle Regeln eingehalten?

Möglicherweise sind Ihnen die Symbole in Abb. 6.9 unbekannt, es sei denn Sie sind oder waren Student der Elektrotechnik. Aber nehmen wir einmal an, Sie kennen sich mit den Symbolen aus. Fehlt dennoch etwas? Tatsächlich hat das Dreieck mit dem Plus- und Minus-Zeichen keine Bezeichnung. „OP1" etwa würde sich gut eignen, da es sich hier um einen sogenannten Operationsverstärker handelt.

Da es offensichtlich nur ein Element dieser Sorte in Abb. 6.9 gibt, könnte ein Bezeichner theoretisch auch entfallen, da das Element eindeutig über den Begriff „Operationsverstärker" referenziert werden kann. Dennoch würde ich empfehlen, trotzdem einen Bezeichner wie etwa „OP1" zu verwenden, sonst muss man immer den länglichen Begriff „Operationsverstärker" verwenden. Weiterhin ist es vom Konzept her einfacher, festzulegen, dass prinzipiell alle Elemente einer Zeichnung immer einen Bezeichner haben müssen.

Ein weiterer Punkt der Beanstandung könnte die Bildunterschrift sein, da sie nur wenig Information liefert. Eine bessere Bildunterschrift wäre zum Beispiel diese

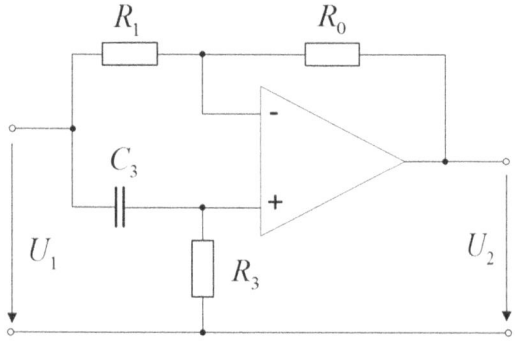

Abb. 6.9 Ein RC-aktives Allpass-Filter

hier: „Das RC-aktive Allpass-Filter ändert nur die Phase zwischen den Spannungen U1 und U2, während der Betrag der komplexen Spannung konstant bleibt." So vermitteln Sie, was die Schaltung in Abb. 6.9 macht, statt nur zu nennen, um was für eine Schaltung es sich handelt. Gerade für Leser, die sich erst mal ein Bild von Ihrer Arbeit verschaffen, indem sie nur die Abbildungen und deren Bildunterschriften ansehen, sind aussagekräftige Unterschriften eine große Hilfe.

Schauen wir uns noch ein Beispiel an: Gehen Sie zu Abschn. 6.3.4 und sehen sich Abb. 6.8 und den zugehörigen Text noch einmal an. Sind alle Regeln eingehalten? Prüfen Sie das bitte, bevor Sie weiterlesen.

Wie Sie sicher festgestellt haben, ist das nicht der Fall: Ich habe nicht alle Elemente in der Abbildung im Text erläutert. In diesem speziellen Fall ist das aber ausnahmsweise in Ordnung, da die Abbildung lediglich dazu dienen sollte, die Bedeutung einer Legende und nicht die eigentliche Funktionalität des Inhaltes zu erklären.

6.3.7 Ähnlichkeit und Wiedererkennung

Ich betone diesen Punkt immer wieder: Eine technische Beschreibung ist im Allgemeinen kompliziert, so dass Sie Mittel und Wege finden müssen, den Lesern das Leben zu erleichtern. Sie können ihnen die Orientierung in Ihrer Arbeit erleichtern, indem Sie die Wiedererkennung von Bekanntem fördern. Dabei kann es sich um Symbole, Abkürzungen, Abbildungen, Layout-Festlegungen oder Ähnliches handeln. Da es hier um ein wichtiges didaktisches Konzept geht, vertiefe ich dies in den nächsten Unterkapiteln.

6.3.7.1 Optische Anker

Optische Anker helfen enorm, um die Orientierung beim Lesen zu erleichtern und einem Dokument Struktur zu geben – besonders jenen Personen, die sich einen ersten Eindruck von Ihrer Abschlussarbeit verschaffen wollen, indem sie sich zunächst nur die Abbildungen ansehen. Vielleicht fragen Sie sich, warum jemand überhaupt nur „durchblättert", wo man die Arbeit doch alleine anhand von Bildern sicher meist nicht verstehen kann.

Nun, der Grund ist schlicht und einfach: Zeitmangel. Auch Sie selbst blättern sicher erst einmal durch ein technisches Buch, um zu sehen, ob der Stil Ihren Erwartungen und Vorlieben entspricht. Wenn Ihnen gefällt, was Sie sehen, lesen Sie weiter und kaufen sich eventuell sogar das Buch.

Ihr Professor oder Ihr Betreuer werden Ihre Abschlussarbeit natürlich sehr genau lesen, aber der Angestellte in der Personalabteilung einer Firma oder auch Ihr potenzieller späterer Vorgesetzter werden zunächst mal keine Zeit für eine genaue Betrachtung haben. Ihre Arbeit wird nur eine von vielen sein, die sich auf dem Tisch oder Computer dieser Personen befinden, die anderen stammen von Ihren Mitbewerbern. Es lohnt sich also, einen Arbeitsstil zu präsentieren, der gleich von Anfang an gefällt.

Optische Anker unterstützen das. Gehen Sie noch einmal zu dem Smartphone-Beispiel in Abb. 6.7 zurück. Sie haben bereits eine Kapitelstruktur gewählt, die den Aufbau des Smartphones widerspiegelt. Um Ihren Lesern eine schnelle Orientierung zu ermöglichen, hat es sich bewährt, bei Kapitelbeginn wiedererkennbare Elemente zu präsentieren. Ein Beispiel hierfür ist in Abb. 6.10 gezeigt. Zu Beginn eines größeren Kapitels ist die bekannte Architektur des Smartphones gezeigt und jene Komponente

6 Schreiben einer Abschlussarbeit

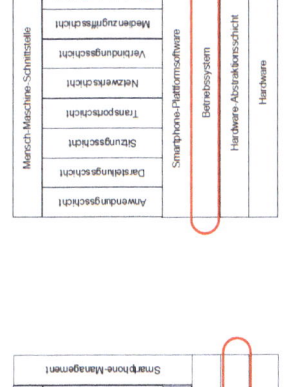

Abb. 6.10 Optische Anker, das heißt bekannte grafische Darstellungen mit optischer Hervorhebung einzelner Teile, erleichtern die schnelle Orientierung innerhalb Ihrer Arbeit

besonders markiert, die im aktuellen Kapitel erläutert wird. Da der Mensch gut Muster erkennen kann, werden Ihre Leser solche optischen Anker sehr schätzen. Die Anker ermöglichen auch, einen ersten Eindruck von Struktur und Vollständigkeit Ihrer Abschlussarbeit zu vermitteln. Dies ist sehr wichtig, besonders wenn ein Leser wenig Zeit hat.

Sie werden vielleicht sagen, dass diese optischen Anker redundant sind. Damit haben Sie völlig Recht, aber das menschliche Gehirn benötigt eine gewisse Redundanz für die Orientierung und die Merkfähigkeit.

Ich habe viele Dokumente gesehen, gerade im beruflichen Umfeld, die ihrem Zweck nicht gerecht wurden, weil Sie zu anstrengend und umständlich zu lesen waren. Wenn Ihre Kollegen Ihr Dokument aber deswegen tatsächlich nicht lesen, dann hätten Sie sich Zeit und Kosten gespart, wenn Sie es gar nicht erstellt hätten. Auf der anderen Seite sind gute Dokumente enorm wichtig, um Informationen an viele Personen weiterzuvermitteln, ohne dass diese Personen den Wissensträger ständig mit Fragen belasten müssen.

Erinnern Sie sich an das Zitat von Professor Parnas aus Abschn. 6.1? Wiederverwendung hängt von guter Dokumentation ab, und Wiederverwendung führt zu signifikanter Kosteneinsparung im Berufsleben.

> **Wichtig** Einfachheit hilft, komplexe Sachverhalte leichter zu verstehen. Symbol-, Namens- und Layoutmonotonie tragen zur Vereinfachung und damit zur Verständlichkeit einer Beschreibung bei.

6.3.7.2 Gleiche Symbole

Symbolmonotonie ist ein hochtrabender Begriff, dahinter verbirgt sich aber ein einfaches Prinzip: In technisch-wissenschaftlichen Zeichnungen oder Abbildungen gibt es oft mehrere Möglichkeiten, ein Element zu symbolisieren, und man sollte sich auf eine einzige der Möglichkeiten beschränken.

Abb. 6.11 zeigt zum Beispiel mehrere Möglichkeiten, ein UND-Gatter für Digitalschaltungen darzustellen. Wenn in Ihrer Abschlussarbeit UND-Gatter vorkommen, ist es wichtig, dass Sie immer ein und dasselbe Symbol dafür benutzen und nicht mehrere Darstellungsarten. Ihre Arbeit wird kompliziert genug sein, sodass Symbolmonotonie, also die Verwendung nur eines einzigen Symbols für eine bestimmte Sache, die Arbeit leichter lesbar macht. Auch im Berufsleben, wenn es um Spezifikationen und Entwürfe geht, bleibt es wichtig, auf Symbolmonotonie zu achten, um das Verständnis zu erleichtern und damit die Möglichkeit für Verwechslungen und Fehler zu reduzieren.

Idealerweise führen Sie am Anfang Ihrer Abschlussarbeit ein Kapitel „Symbole und Notationen" ein, wo Sie jene Symbole und Notationen festlegen, die Sie in Ihrer Arbeit verwenden. Zumindest die wichtigsten Symbole und Notationen sollten dort vorkommen.

Mehrere Symbole für ein logisches UND-Gatter → Verwenden Sie nur eines davon!!

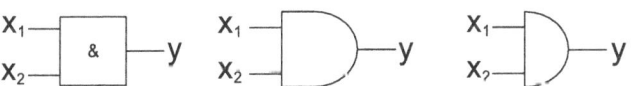

Abb. 6.11 Stellen Sie sicher, dass Sie nur ein einziges Symbol für ein und dieselbe Sache verwenden, selbst wenn es mehrere gültige Symbole gibt

6.3.7.3 Gleiche Namen

Ebenso wie auf Symbolmonotonie sollten Sie auf Namensmonotonie in Ihrer Arbeit achten. Angenommen Sie arbeiten an einem Projekt, welches die Beschreibung einer Benutzerschnittstelle enthält. Diese Benutzerschnittstelle möge zu einer Software gehören, die zur Konfiguration von Daten benötigt wird und sollte einen eindeutigen Namen erhalten, zum Beispiel Config I/F (für *configuration interface*). Dieser Name Config I/F – und nur dieser! – sollte im Folgenden in Ihrer Arbeit verwendet werden. Kommen Sie bitte nicht auf die Idee, alternative Namen wie HMI (für *human machine interface*), *user frontend* oder Java-GUI (weil zum Beispiel die Benutzerschnittstelle in Java geschrieben wurde) zu verwenden (siehe auch Abb. 6.12). Vielleicht glauben Sie, dass die Verwendung von alternativen Namen Ihren Text bereichert, aber tatsächlich macht dies Ihren Text missverständlicher und schwieriger zu lesen. Romane klingen mit unterschiedlichen Bezeichnungen und Beschreibungen malerischer und bildhafter, für komplizierte technisch-wissenschaftliche Texte ist dies jedoch völlig ungeeignet. Mehrere Bezeichner verhindern zum Beispiel, dass ein Leser mittels Textsuche alle Stellen findet, die mit der Komponente „Config I/F" zu tun haben. Ich habe in meiner beruflichen Karriere mehr als einmal erlebt, dass Entwickler in Besprechungen lange Zeit aneinander vorbeigeredet haben, weil verschiedene Personen unterschiedliche Begriffe für ein und dieselbe Sache verwendet haben. Da Entwickler oftmals nicht nachfragen, um sich den anderen gegenüber keine Blöße zu geben, können sich solche Missverständnisse auch länger als nur über eine Besprechung hinziehen. Noch schlimmer wird es, wenn verschiedene Personen verschiedene Dokumente erzeugen, zum Beispiel Anforderungsspezifikationen, Architektur-

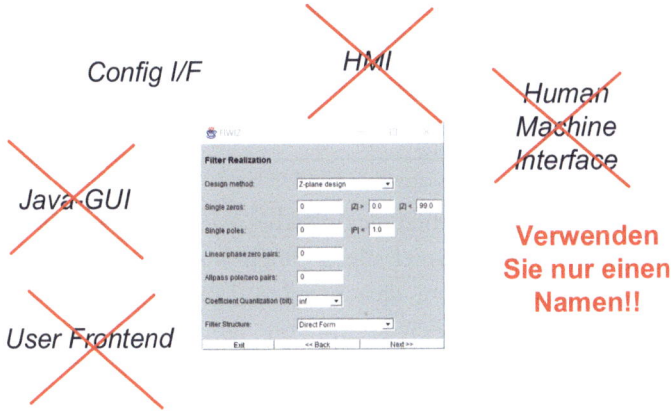

Abb. 6.12 Verwenden Sie immer nur einen Namen für ein und dieselbe Sache, in diesem Falle die Konfigurationsschnittstelle „Config I/F"

dokumente und Testspezifikationen, und dabei verschiedene Namen für ein und dieselbe Sache verwenden. Auf diese Weise schleichen sich unnötige Fehler ein. Missverständnisse kosten Zeit und Geld und sind am Ende nur frustrierend. Beugen Sie dem also vor, indem Sie sich gleich an Namensmonotonie gewöhnen.

Folgen Sie der Weisheit von Aristoteles: „Klarheit geht vor Schönheit, denn Klarheit ist immer auch schön."

6.3.7.4 Einheitliches Layout

Layoutmonotonie ist relativ einfach zu befolgen und hat auch nicht ganz die Bedeutung von Symbol- und Namensmonotonie. Trotzdem ist Layoutmonotonie hilfreich. Hier geht es darum, wie beispielsweise Tabellen, Bildunterschriften, Kapiteleinteilungen und so weiter aussehen sollen. Wenn Sie also entschieden haben, wie Tabellen gestaltet werden sollen, sollten alle Tabellen

Tab. 6.2 So sehen Tabellen in diesem Buch aus

Kategorie 1	Kategorie 2
Inhalt A1	Inhalt A2
Inhalt B1	Inhalt B2
...	...

in Ihrer Abschlussarbeit das gleiche *look and feel* haben. Wenn Sie zum Beispiel dieses Buch hier durchblättern, werden Sie feststellen, dass in allen Tabellen die gleiche Schriftart und die gleiche Art von Tabellenüberschriften verwendet sind (Tabellen haben immer Überschriften und Bilder immer Unterschriften). Die erste Tabellenzeile, welche die Tabellenkategorien angibt, ist immer grau (Tab. 6.2).

Es gibt viele Elemente, deren Layout monoton sein sollte:

- Tabellen und Tabellenüberschriften
- Bildunterschriften
- Gleichungen und deren Nummerierung
- Kapitelüberschriften
- Schriftarten und -größen
- Literaturreferenzen

Ein einheitliches Layout für wiederkehrende Komponenten einzuhalten, verbessert die Lesbarkeit eines Dokuments: Die Leser sind schnell vertraut mit vielen Darstellungen und können sich daher mehr auf den Inhalt konzentrieren.

> **Wichtig** Achten Sie bei allen wiederkehrenden Beschreibungselementen auf eine einheitliche Darstellung, also auf Layout-Monotonie. Sie erleichtern Ihrer Leserschaft damit das Aufnehmen von Information.

Sie können Sich sicher vorstellen, dass in einem größeren Projekt, in dem verschiedene Personen verschiedene Dokumente schreiben, sich Layoutmonotonie nicht von selbst ergibt. Denn verschiedene Personen haben oft verschiedene Vorlieben dafür, wie Tabellen, Symbole und so weiter auszusehen haben. Das gilt auch für das Aussehen von Computer Code, angefangen von Einrückungen bis hin zur Namensgebung von Klassen und Funktionen sowie deren Kommentierung. Für alles dies benötigt man daher „Styleguides", damit Produkte gebaut werden können, die auch Personen warten können, die das Produkt nicht selbst entwickelt haben. Da im Lebenszyklus zum Beispiel eines Softwareproduktes bei dessen Updates im Allgemeinen weit mehr als die Hälfte der Kosten auflaufen, muss der Wartbarkeit besondere Beachtung geschenkt werden, und Layoutmonotonie unterstützt dies. Auch hier lohnt es sich also wieder, wenn Sie sich gleich in Ihrer Abschlussarbeit an das Thema Monotonie gewöhnen.

6.3.8 Keine Namenskollisionen

Da Namen, Abkürzungen und Bezeichner eine Komponente unzweideutig identifizieren sollen, sollten Sie sehr darauf achten, sogenannte Namenskollisionen zu vermeiden. Wenn Ihre Arbeit zum Beispiel folgenden Satz enthalten sollte:

„… Weitere Informationen sind dem DD zu entnehmen …"

und Ihr Glossar bzw. Abkürzungsverzeichnis weist aus, dass DD sowohl *data dictionary* als auch *detailed design* bedeuten kann, dann muss der Leser die Bedeutung von

DD aus dem Inhalt erschließen und muss sich mehr anstrengen als nötig. Sollte die Bedeutung von DD also nicht offensichtlich sein, dann erschwert die Namenskollision das Lesen Ihrer Arbeit noch mehr.

Gelegentlich sind Namenskollisionen nicht zu vermeiden, vor allem dann nicht, wenn bestimmte Abkürzungen allgemein bekannt sind – zum Beispiel IP, was unter anderem *internet protocol* oder auch *intellectual property* bedeuten kann. Wenn Namenskollisionen nicht vermeidbar sind, sollten Sie sicherstellen, dass der Sinnzusammenhang eine eindeutige Interpretation des Textes zulässt. Falls dies schwierig ist, dann muss eben der ausgeschriebene Begriff verwendet werden. Hier ein Beispiel:

So bitte nicht: *„… heutzutage muss sich jede Firma der High-Tech-Branche mit dem Thema IP beschäftigen …"*

Besser so: *„… heutzutage muss sich jede Firma der High-Tech-Branche mit dem Thema IP (Internet-Protokoll) beschäftigen …"*

6.3.9 Benutzen Sie Tabellen

Ich habe Tabellen schon in den Kapiteln über Monotonie erwähnt, möchte aber noch einmal auf deren Wichtigkeit und deren Vorzüge eingehen. Tabellen ermöglichen es, aufzählbare Information in kompakter, übersichtlicher Form darzustellen und tun dies deutlich besser als zum Beispiel eine Liste von Spiegelstrichen beziehungsweise *bullet points*. Diese erwecken immer den Eindruck, dass die damit verkörperte Liste nur eine Aufzählung von Beispielen ist, statt wirklich vollständig zu sein. Tabellen mit mehreren Spalten und hierarchisch gegliederten Zeilen deutlich vielseitiger als Spiegelstriche. Sie eignen sich daher sehr gut, um Resultate zusammenzufassen.

> **Wichtig** Ziehen Sie Tabellen sogenannten Spiegelstrichen oder bullet points vor. Letztere erwecken immer den Eindruck von Unvollständigkeit.

Ebenso wie Abbildungen sollten Tabellen einen eindeutigen Tabellenbezeichner mit Text aufweisen und im laufenden Text referenziert und besprochen werden. In der wissenschaftlichen Literatur gibt es zwei bevorzugte Methoden, Tabellenbezeichner zu gestalten. Die eine ist, Tabellenunterschriften mit Tabellennummer und Text zu verwenden, so wie bei Abbildungen auch. Eine weitere, sehr verbreitete Darstellung ist, Tabellennummer und Text über der Tabelle anzubringen und damit eine Tabellenüberschrift zu verwenden. Diese letztere Konvention wird in diesem Buch verwendet und hat generell Vorteile bei langen Tabellen, besonders solchen, die sich über mehr als eine Seite erstrecken. In einem solchen Fall erfährt der Leser nämlich gleich zu Beginn der Tabelle etwas darüber, was sie enthält, und muss nicht erst blättern und das Tabellenende finden, um dann erst zu lesen, worum es geht.

6.3.10 Alles referenzieren

Ich hatte es schon einmal erwähnt, aber ich möchte noch mal zusammenfassen: Jede Komponente Ihrer Abschlussarbeit sollte referenzierbar sein. Daher brauchen Sie:

- Bildunterschriften,
- Tabellenüber- oder unterschriften,
- Gleichungsnummern,

- Kapitelnummern sowie
- eine eindeutige Kennzeichnung von Bestandteilen einer Abbildung oder Grafik, üblicherweise mittels Namen oder Abkürzungen.

Dass die Komponenten referenzierbar sind, reicht jedoch nicht, Sie müssen die Komponenten auch tatsächlich im Text explizit referenzieren und behandeln.

6.3.11 Erklären oder verweisen

Wenn Sie in Ihrer Arbeit einen bestimmten Zusammenhang erklären wollen, ist es wichtig, die Wissensbasis Ihrer Leserschaft zu kennen. Alles, was diese Wissensbasis überschreitet, muss entweder erklärt oder mithilfe von Literaturverweisen referenziert werden. So kann Ihre Leserschaft das fehlende Wissen ergänzen, weiterlesen und Ihren Erläuterungen folgen.

Für die Leser ist es in der Regel am angenehmsten, wenn der Text selbsterklärend ist und alle Informationen enthält, die es zum Verständnis des Inhaltes braucht. Bei komplexeren Inhalten ist diese Ausführlichkeit jedoch nicht ratsam, da der Umfang Ihrer Abschlussarbeit unverhältnismäßig anwachsen würde, wenn Sie alle Grundlagen erläutern. Durch die enorme Größe würde auch der Kern der Botschaft, der in einer Abschlussarbeit zu vermitteln ist, schwerer zu identifizieren. Manche Leser könnten durch die hohe Seitenzahl auch entmutigt werden, sodass sie die Arbeit eventuell gar nicht lesen (etwa ein Personalreferent, der Ihre Bewerbungsunterlagen durchsieht).

Um die Balance zwischen Vollständigkeit der Wissensvermittlung und Kürze zu erreichen, sind Literaturreferenzen ein gutes Hilfsmittel. Auf diese Art eignet sich die Arbeit dann auch für eine Leserschaft mit unterschiedlichen Wissensgrundlagen. Diejenigen, die bereits mehr Grundlagen beherrschen, müssen die Literaturstellen nicht nachschlagen, die anderen können dies tun.

> **Wichtig** Sie müssen nicht alle Zusammenhänge erklären, gute Literaturreferenzen sind oft eine geeignete Alternative, um Informationslücken zu schließen.

Referenzen helfen auch dann, wenn Sie zum Beispiel eine bestimmte Behauptung nicht selbst beweisen wollen, sondern hierfür auf die Literatur verweisen. Nehmen sie etwa das Beispiel aus Abschn. 2.1.2, wo es um die Euler'sche Identität ging. Den Beweis für deren Richtigkeit würde man nicht in einer Abschlussarbeit ausführen, sondern würde dies per Literaturreferenz abhandeln.

Der Literaturreferenz ähnelt das Zitat, welches die genauen Worte einer anderen Person wiederholt. Bei einem Zitat ist es allgemein üblich, die zitierten Worte in Anführungszeichen und Kursivschrift zu setzen und anschließend den Urheber der Worte (oder sogar die Literaturstelle) anzugeben. Ein Beispiel hierfür wäre: *„Eine Unze Vorbeugung ist ein Pfund Heilung wert"* – Benjamin Franklin.

In diesem Buch benutze ich Referenzen mit dem gleichen Ziel: Ich möchte Ihnen den Weg zu detaillierterer und weiterführender Information weisen. Wenn Sie sich also tiefer mit einem bestimmten Thema beschäftigen möchten, können Sie diese Referenzen als Startpunkt benutzen. Die Notation für Referenzen, die ich in diesem Buch verwende, besteht aus runden Klammern, dem Namen des oder der Autoren, und das Erscheinungsjahr.

Ein Beispiel für eine solche Referenz ist (Cooper 2001). Es sei angemerkt, dass diese Art von Notation in den Naturwissenschaften und dem Ingenieurswesen eher wenig gebräuchlich ist. Man verwendet in Veröffentlichungen auf diesen Gebieten eher einfache Nummern in eckigen Klammern, zum Beispiel [1], [2] und so weiter. Der Vorteil hierbei ist die Kürze der Darstellung, die gute Unterscheidbarkeit zum normalen Text sowie die sichtbare Reihenfolge der Referenzen im Text. Es ist nämlich üblich, in Abschlussarbeiten und Publikationen mit der Referenz [1] zu beginnen und dann die Nummerierung gemäß dem Auftreten der Referenz im Textfluss einfach hochzuzählen. Ein Nachteil dieser einfachen Nummerierung ist allerdings, dass man die Korrespondenz der Nummer zu der eigentlichen Literaturstelle während des Lesens recht schnell wieder vergisst, sodass man häufiger hin und her blättern muss. Ein weiterer Nachteil kommt zum Vorschein, wenn Sie den eigentlichen Schreibprozess Ihrer Abschlussarbeit betrachten: Es wird, vor allem anfangs, immer wieder vorkommen, dass Sie Kapitel umstrukturieren, sodass sich auch die Reihenfolge der Literaturreferenzen ändert. Sie müssen dann immer wieder umnummerieren, wenn Sie das Prinzip beibehalten wollen, dass die Referenzen in jener Reihenfolge gelistet sind, wie sie auch im Text nacheinander genannt werden. Wenn Sie allerdings das namensbasierte Referenzierungsschema einsetzen, welches in diesem Buch verwendet wird, gibt es keine Umstellung in der Referenzliste. Denn diese wird in diesem Falle einfach alphabetisch angeordnet.

Ein Wort der Mahnung sei hier noch angebracht: Sie sollten niemals Ergebnisse, Erkenntnisse oder auch nur Sätze aus anderen Quellen in Ihre Arbeit einbringen, *ohne* eine entsprechende Referenz beizustellen. Wenn Sie dies doch tun, erwecken Sie den Eindruck, der Inhalt stamme ursprünglich von Ihnen selbst. So etwas nennt man

Plagiat und führt zur Nichtanerkennung Ihrer gesamten Abschlussarbeit bis hin zur Aberkennung Ihres Abschlusses oder Titels, sollte das Plagiat erst im Nachhinein erkannt werden. Und angesichts der heutigen computergestützten Suchmöglichkeiten können Sie sicher sein, dass ein Plagiat erkannt werden wird.

6.3.12 Keine Vorwärtsreferenzen

Vorwärtsreferenzen sind Referenzen in einem Kapitel Ihrer Arbeit, die auf spätere Kapitel verweisen. Solche Referenzen sind besser als gar keine. Aber generell sind Vorwärtsreferenzen ein Zeichen, dass die Didaktik in Ihrer Abschlussarbeit nicht optimal ist.

Möglicherweise benötigen Sie ab und zu solche Referenzen, zum Beispiel wenn bestimmte Bezeichnungen oder Definitionen erst erklärt werden, nachdem Sie im Text benutzt werden. Sie sollten dies jedoch möglichst vermeiden, da es den Lesern es schwerer macht, den Inhalt zu verstehen. Immer wenn Sie ein Thema in Ihrer Arbeit behandeln, sollten Sie darauf achten, dass Sie Dinge erst erklären, bevor Sie sie im Text benutzen.

Stellen Sie sich vor, Sie lesen einen Text über technische Mechanik und es wird permanent von einem „Vektorwinder" gesprochen, dessen Bedeutung vorher nicht erklärt wurde. Wenn Sie nicht wissen, dass ein Vektorwinder ein Vektor ist, der einem ganz bestimmten Punkt im Raum zugeordnet und damit nicht verschiebbar ist, verstehen Sie möglicherweise die gesamte Argumentation nicht. Sie lesen dann mit vielen Fragezeichen im Kopf bis zu der Stelle, an welcher der Begriff „Vektorwinder" endlich erläutert wird – und schließlich müssen Sie die Argumentation noch einmal von vorne lesen. Es gibt, nebenbei bemerkt, durchaus auch Lehrbücher, die immer wieder implizite Vorwärtsreferenzen verwenden, indem Dinge erst erklärt werden, nachdem sie verwendet wurden. Solche Lehrbücher sind schwer zu verstehen und erzeugen beim Lesen Kopfschütteln oder Ärger.

6.3.13 Klar und präzise

Um die Argumentationen in Ihrer Arbeit so logisch, nachvollziehbar und eindeutig wie möglich zu machen, ist immens wichtig, dass die Sprache klar, genau und prägnant ist. Sie sollten also Ausdrucksweisen vermeiden, die unscharf sind oder welche die Klarheit in der Aussage verwässern. Solche Beispiele finden Sie in Tab. 6.3.

In Tab. 6.4 sind dagegen ein paar positive Beispiele aufgeführt, die zeigen, wie sich wortreiche Beschreibungen einfacher und prägnanter formulieren lassen.

Sie sollten auch darauf achten, keine Mehrdeutigkeiten in Ihren Beschreibungen zu erzeugen. Überprüfen Sie daher gründlich, ob Ihre Erläuterungen eventuell anders interpretierbar sind, als Sie selbst dies vorhatten.

Hier ist ein Beispiel aus (Alley 1995), das mehrdeutig und auch ungenau ist:

„Unter vorbeiziehenden Wolken arbeiteten die Sonnenzellen zufriedenstellend."

Tab. 6.3 Einige Beispiele für unpräzise Ausdrucksweisen, die der Forderung nach Klarheit und Genauigkeit widersprechen

Unpräzise Ausdrucksweisen
… *möglicherweise*
… *in etwa*
… *ein wenig*
… *ungefähr*
… *etwas größer als*
… *prinzipiell ähnlich*

Tab. 6.4 Einige Beispiele wortreicher Ausdrucksweisen im Gegensatz zu kompakten und damit klareren Ausdrucksweisen. (Aus Sydney 2001)

Wortreich	Kurz und bündig
… wenn die Randbedingungen in der Art sind, dass …	… wenn
… aufgrund des Umstandes, dass…	… weil
… in geringerer Anzahl	… weniger
… in Anbetracht der Tatsache	… da, wegen

Die Frage, die sich der Leser hier möglicherweise stellt ist, ob die Sonnenzellen in einer Höhe direkt unter vorbeiziehenden Wolken zufriedenstellend gearbeitet haben. Wie groß wäre dann diese Höhe? Ist diese Höhe überhaupt eindeutig oder ist sie nicht vielmehr variabel? Oder meint der Urheber des Satzes, dass die Solarzellen auch dann zufriedenstellend gearbeitet haben, wenn vorbeiziehende Wolken den Lichteinfall auf die Zellen vermindert haben? Was heißt überhaupt „zufriedenstellend"? Gibt es einen Grenzwert bei Leistung oder Wärmeerzeugung, der, wenn erreicht oder überschritten, die Aussage „zufriedenstellend" definiert? Und was sind das für Sonnenzellen? Zellen für Fotovoltaik oder Solarthermie oder vielleicht eine Kombination? Vielleicht werden Sie sagen, dass die gestellten Fragen kleinlich und pedantisch sind, aber in den Naturwissenschaften und im Ingenieurswesen ist es sehr wichtig, dass man ganz genau versteht, was gemeint ist. Kleine Fehler können im schlimmsten Fall katastrophale Auswirkungen haben, wie ich schon in Abschn. 6.2.3 erläutert habe.

Wichtig Betrachten Sie die Sprache in einer wissenschaftlichen Ausarbeitung wie eine Programmiersprache: Je klarer, einfacher und präziser, desto besser. Zudem muss dabei alles stets korrekt sein.

W.H. Fowler hat fünf einfache Regeln aufgestellt, die für gutes wissenschaftliches Schreiben wichtig sind (Sydney 2001):

- Ziehen Sie vertraute Wörter den unvertrauten vor.
  (zum Beispiel „Verknüpfung" statt „Konkatenation")
- Ziehen Sie, wenn möglich, konkrete Begriffe den abstrakten vor.
  (zum Beispiel „Excel®" statt „Tabellenkalkulationssoftware")
- Ziehen Sie die aktive Sprache der passiven vor.
  (zum Beispiel „Unsere Untersuchungen zeigten" statt „durch unsere Untersuchungen wurde gezeigt")
- Ziehen Sie das einfache Wort dem umständlichen Ausdruck vor.
  (zum Beispiel „weil" statt „aufgrund der Tatsache, dass")
- Ziehen Sie das kurze Wort dem langen vor.
  (zum Beispiel „Motor" statt „Vierzylinderexplosionsmotor")

Mit diesem kurzen Einblick in die Sprache guten wissenschaftlichen Schreibens erahnen Sie sicherlich, dass gutes Schreiben keine einfache Sache ist. Michael Alley bringt es in seinem Vorwort in (Alley 1995) auf den Punkt:

„Ich wünschte, ich könnte Ihnen sagen, dass dieses Buch Ihre wissenschaftliche Schreibarbeit einfach macht. Unglücklicherweise ist wissenschaftliches Schreiben nicht so geartet. Wissenschaftliches Schreiben ist harte Arbeit. Die besten wissenschaftlichen Autoren kämpfen mit jedem Absatz, jedem Satz, jedem Satzteil. (…) Wissenschaftliches Schreiben ist eine Kunst, eine Kunst die man fortwährend verfeinern muss."

Bitte verzweifeln Sie nicht, Sie müssen in Ihrer Abschlussarbeit nicht perfekt sein, was den Sprachgebrauch anbelangt, aber man kann nicht früh genug mit dem Verfeinern beginnen.

6.3.14 Bitte mit Beispielen

Komplizierte Inhalte sind, wie das Adjektiv schon sagt, schwer zu verstehen. In vielen Fällen fällt es dem Leser sehr schwer, ein Konzept zu verstehen, wenn er hierzu nur die verallgemeinerte Theorie präsentiert bekommt.

Wahrscheinlich sind Sie bereits selbst auch schon damit in Berührung gekommen. Lassen Sie mich als Beispiel eine Erläuterung zur Polynomdivision anführen:

„Polynomdivision ist ein Algorithmus, welcher die Euklidische Division von Polynomen einsetzt. Diese geht von zwei Polynomen A (dem Dividenden) und B (dem Divisor) aus welche, solange B nicht Null ist, einen Quotienten Q und einen Rest R produziert, sodass

$$A = BQ + R,$$

wobei entweder $R = 0$ ist, oder der Grad von R niedriger als jener von B ist. Diese Bedingungen definieren Q und R eindeutig, sodass Q und R nicht von der Berechnungsmethode selbst abhängen. Das Resultat $R = 0$ tritt dann und nur dann auf, wenn das Polynom A das Polynom B als Faktor hat. Damit kann die Polynomdivision als Test fungieren, welcher prüft, ob ein Polynom ein anderes als Faktor hat, und falls dies der Fall ist, den Faktor abspalten kann."

Wie bitte? Selbst wenn Sie die Polynomdivision schon kennen, werden Sie vermutlich zustimmen, dass diese Beschreibung nicht besonders leicht zu lesen ist. Auch wenn Sie den Inhalt zu verstehen glauben, wissen Sie möglicherweise trotzdem nicht, wie man die Polynomdivision praktisch durchführt.

Gibt es aber zusätzlich ein Beispiel, etwa jenes nach Abb. 6.13, dann wird viel klarer, was Sie bei der Polynomdivision praktisch tun müssen.

Gegeben:

Dividend = $A(x) = x^9 + x^8 + x^6 + x^4 + x^3$
Divisor = $B(x) = (x^3 + 1)$

Polynomdivision $A(x) / B(x)$:

Teile die höchste Potenz von $A(x)$ durch die höchste Potenz von $B(x)$ ergibt x^6

$x^9 + x^8 + x^6 + x^4 + x^3 / (x^3 + 1) = x^6 + x^5 + x^2 + x + 1 = Q(x)$ = Quotient

$-(x^9 \quad + x^6)$ ← ergibt   multipliziere x^6 mit $B(x)$

$\overline{}$
$\quad x^8 \quad + x^4 + x^3$ → Nach Subtraktion des Ergebnisses von $A(x)$ erhält man $r1(x)$

$-(x^8 + x^5)$ Teile die höchste Potenz von $r1(x)$ durch die höchste Potenz von $B(x)$ → ergibt x^5
$\overline{}$
$\quad x^5 + x^4 + x^3$ → Ergebnis $r2(x)$

$\quad -(x^5 \quad\quad + x^2)$
$\quad \overline{}$
$\quad\quad x^4 + x^3 + x^2$ → Ergebnis $r3(x)$

$\quad\quad -(x^4 \quad + x)$
$\quad\quad \overline{}$
$\quad\quad\quad x^3 + x^2 + x$ → Ergebnis $r4(x)$

$\quad\quad\quad -(x^3 \quad + 1)$
$\quad\quad\quad \overline{}$
$\quad\quad\quad\quad x^2 + x + 1 = r5(x) = R(x)$ = Rest

Abb. 6.13 Polynomdivision an einem Beispiel erklärt

Lassen Sie also den Leser nicht leiden, sondern stellen Sie ein Beispiel zur Verfügung, wenn die Dinge kompliziert werden.

6.3.15 Korrigieren und noch mal korrigieren

Wenn Sie die erste Rohfassung Ihrer Arbeit geschrieben haben, können Sie davon ausgehen, dass noch eine Menge Unsauberkeiten vorhanden sind. Um diese aufzuspüren, lassen Sie Ihre Arbeit für einige Tage oder auch eine ganze Woche liegen. Dann lesen Sie Ihre Arbeit noch einmal durch, und ich verspreche Ihnen, dass Sie noch eine ganze

Menge Verbesserungsmöglichkeiten entdecken werden. Arbeiten Sie diese Verbesserungen ein und wiederholen Sie das Ganze noch einmal: eine Woche liegen lassen, nochmals durchlesen und verbessern.

Nach Ihrer Eigenkorrektur sollten Sie einen Freund oder Bekannten bitten, Ihre Arbeit zu lesen und auf Fehler zu überprüfen. Bitten Sie um ehrliche, deutliche und konstruktive Kritik. Es werden sich höchstwahrscheinlich weitere Dinge anfinden, und Sie werden erstaunt sein, dass Sie diese Punkte nicht selbst entdeckt haben.

Nach erneuter Korrektur können Sie nun Ihre Arbeit Ihrem Betreuer übergeben. Wenn Sie in der Vergangenheit oft mit ihm über Ihre Arbeit, aktuelle Zwischenresultate und das jeweilige weitere Vorgehen gesprochen haben, sind die Chancen recht gut, dass keine größeren Änderungen mehr anfallen.

> **Wichtig** Häufige Reviews sparen am Ende viel Arbeit. Von Softwareprojekten weiß man, dass der Gesamtaufwand (also inklusive Reviews) um bis zu 20 % reduziert wird, wenn in allen Projektphasen regelmäßig qualitativ hochwertige Reviews stattfinden. Ähnliches gilt auch für Ihre Abschlussarbeit.

Dem Prinzip häufiger und intensiver Durchsichten, oder eben neudeutsch „Reviews", werden Sie auch in Ihrer professionellen Karriere öfter begegnen. Es ist in der Tat sehr wichtig, Fehler möglichst früh zu finden. Hier sei wieder eine kleine Extrapolation für Ihre berufliche Karriere angebracht: In Abb. 6.14 sehen Sie die relativen Kosten für Anforderungsfehler einer Software-Entwicklung. Dabei sind die Fehlerkosten abhängig von der Entwicklungsphase dargestellt. Man sieht dort zum Beispiel, dass sich die Fehlerkosten um den

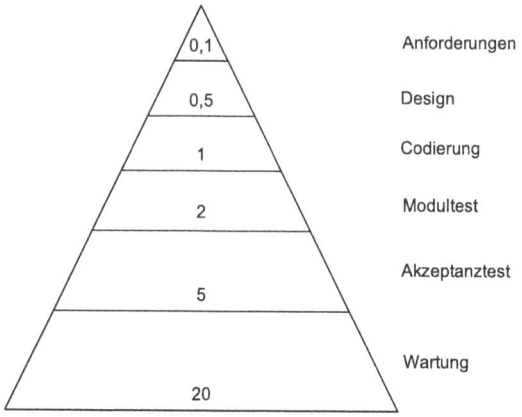

Abb. 6.14 Relative Kosten von Anforderungsfehlern bei Software-Entwicklungsprojekten in Abhängigkeit von der Entwicklungsphase (Davis 1993)

Faktor 10 erhöhen, wenn ein Anforderungsfehler statt in der Anforderungsphase erst in der Codierungsphase entdeckt wird. Dies ist suboptimales *phase containment* (vgl. Abschn. 6.3.1). Wenn Ihnen der Anforderungsfehler erst in der Wartungsphase auffällt, das heißt, wenn das Produkt bereits im Feld ist, sind die Fehlerkosten bereits um den Faktor 200 gewachsen. Untersuchungen an vielen Softwareprojekten zeigen, dass etwa die Hälfte aller Fehler Anforderungsfehler sind und bis zu 80 % aller Fehlerkosten ausmachen.

Auch wenn Ihre Abschlussarbeit kein großes Softwareprojekt ist, lässt sich schließen, dass es sich definitiv lohnt, Fehler, falsche Untersuchungsrichtungen oder ungeeignete Lösungsansätze so früh wie möglich zu entdecken. Behalten Sie also die Erkenntnis im Gedächtnis, dass Reviews ein sehr mächtiges und doch oft unterschätztes Werkzeug sind, unnützen Aufwand zu begrenzen. Wenn Sie das Gebiet des *software engineering* interessiert, empfehle ich Ihnen das ausgezeichnete Buch von Karl Wiegers über Reviews (Wiegers 2002). Es mag überraschend sein, dass man ein ganzes Buch über so ein scheinbar einfaches Thema schreiben kann, aber es gibt deutlich mehr über Reviews zu sagen, als man auf den ersten Blick erwartet. Themen bei Reviews sind zum Beispiel die notwendige Expertise der Teilnehmer, die zu bestimmenden Review-Kriterien, die Dauer von Reviews, die Dokumentation der Review-Ergebnisse, die Review-Kultur, vor allem, wenn ganze Teams beteiligt sind und ein Teil des Teams Autoren und der andere Teil Reviewer sind und so weiter …

6.4 Zu guter Letzt

Wenn Sie sich für Softwareprogrammierung interessieren, ist Ihnen möglicherweise aufgefallen, dass viele der Ratschläge aus den vorangegangenen Kapiteln dieselben sind, die auch für Software-Ingenieure gelten. Das ist natürlich kein Zufall. Tatsächlich haben das Schreiben von Dokumenten und das Schreiben von Programmen sehr viel gemeinsam, nur die Sprache ist eine andere. Der Grund für diese Gemeinsamkeiten liegt darin, dass beide Disziplinen unter anderem eine gute Struktur, Korrektheit, Präzision, übersichtlichen Aufbau und Verständlichkeit verlangen. Harold Abelsen, der Gründer der Free Software Foundation hat es klar und knapp auf den Punkt gebracht: „Programme müssen in erster Linie für Personen zum Lesen geschrieben werden und erst in zweiter Linie, um auf Maschinen ausgeführt zu werden."

7

Halten von Vorträgen

„Die Zuhörer wollen nicht nur informiert, sie wollen auch unterhalten werden."

(Heinrich Fey)

Wenn Sie Ihre Abschlussarbeit fertiggestellt haben, müssen Sie die Ergebnisse üblicherweise vor einer Zuhörerschaft präsentieren. Um hier eine gute Figur zu machen, lohnt es sich, Ihre Präsentationskünste zu verfeinern – aber nicht nur deswegen.

Wie schon in Abschn. 1.3 angemerkt, liegt ein wesentlicher Faktor des Erfolges der menschlichen Rasse auf diesem Planeten in der Kooperationsfähigkeit, und Kooperation beruht unter anderem darauf, dass Informationen ausgetauscht werden. Präsentationen sind eine spezielle Form, dies zu tun, und in Wissenschaft und Ingenieurwesen wird davon reichlich Gebrauch gemacht, vor allem nach dem Studium. Die Wahrscheinlichkeit, dass Sie öfters eine Präsentation halten müssen, steigt mit Ihren Berufsjahren. Auch hierfür ist der Grund einfach und einleuchtend: Ihre Arbeitserfahrung wächst mit den Jahren, ebenso wie die Ihnen auferlegte Verantwortung, diese Erfahrung mit anderen zum Wohle des Projekt- oder Unternehmenserfolgs zu teilen. Sie können also davon ausgehen, dass der Aufwand, Ihre Präsentationstechniken zu verbessern, wohl investierte Zeit ist.

> **Wichtig** Lassen Sie Ihre Zuhörer nicht lange im Ungewissen, sondern kommen Sie zügig auf den Punkt, um was es in Ihrem Vortrag geht.

7.1 Struktur einer Präsentation

7.1.1 Die Einleitung

Als Erstes sollten Sie die Zuhörer begrüßen, sich selbst vorstellen und das Thema, über welches Sie sprechen wollen, kurz umreißen. Während Sie diese grundlegenden Informationen weitergeben, wird Ihre Nervosität bereits abnehmen. Außerdem erfahren Ihre Zuhörer, um was es gehen soll, ein Umstand, der nicht zu unterschätzen ist. Es passiert nämlich durchaus öfters, gerade auf Konferenzen, dass sich Personen in den falschen Raum verirren und in einen Vortrag setzen, den sie gar nicht hören wollten. Wenn Sie aber zu Beginn den Inhalt skizzieren, wissen die Zuhörer sofort, woran sie sind. Sie könnten also zum Beispiel sagen: „Meine sehr verehrten Damen und Herren, ich begrüße Sie ganz herzlich zu meinem Vortrag *Wie Drohnen unsere Privatsphäre beeinträchtigen, und was wir dagegen tun können.* Mein Name ist Willy Wissbegierig und ich arbeite gerade an …

Auf diese klassische Weise können Sie eigentlich nichts falsch machen. Es geht aber noch lockerer und interessanter und zwar mit dem „Ohrenöffner".

7.1.2 Der Ohrenöffner

Schon zu Zeiten der Römer war bekannt, dass man die Aufmerksamkeit der Zuhörer am besten mit einer *captatio benevolentiae* gewinnt, einem Ohrenöffner (Fey 1979). Der Ohrenöffner sollte etwas sein, mit dem sich die Zuhörer identifizieren können und der ein starkes Bild in ihnen hervorruft. Sie können den Ohrenöffner sogar als Allererstes bringen, noch bevor Sie Sich vorstellen und den Titel Ihres Vortrages bekanntgeben. Also zum Beispiel so:

„Letzte Woche war ich mit meiner Freundin auf einem Simply-Red-Konzert im Olympiapark München. Es war wirklich fantastisch und wir waren alle begeistert, haben getanzt und mitgesungen, waren richtig ausgelassen. Irgendwann während des Konzerts sah ich eher zufällig nach oben und bemerkte einen Quadrocopter, der hoch über unseren Köpfen schwebte. Er war gut zu sehen, da ein rotes Licht an seiner Unterseite blinkte. Ich fragte mich: Was macht dieses Ding eigentlich da? Vielleicht filmt es die Szenerie, um diese auf die große Leinwand zu übertragen, aber ist das wirklich alles? Gibt es nicht Gesichtserkennungs-Software, die feststellen kann, dass ich hier bin? Facebook hat mein Foto ja bereits. Bekomme ich jetzt gleich nach dem Konzert Werbung für das nächste Simply-Red-Konzert? … (machen Sie jetzt eine Pause) … Mein Name ist Willy Wissbegierig und ich möchte Sie ganz herzlich zu meinem heutigen Vortrag – *Wie Drohnen unsere Privatsphäre beeinträchtigen, und was wir dagegen tun können* – begrüßen. Ich freue mich, dass so viele Zuhörer gekommen sind und ich verspreche ihnen spannende 30 Minuten. Sie können mich übrigens jederzeit unterbrechen, wenn Sie Fragen haben …"

7.1.3 Der Aufbau Ihres Fachvortrages

In (Fey 1979) werden zwei Hauptstrukturen vorgestellt:

- Die Gutachter-Struktur: Diese Struktur ist recht alt und arbeitet *bottom-up,* also von den Details, den Einzelfakten zum Gesamten hin. Das Thema der Präsentation wird in chronologischer Ordnung oder nach dem Ursache-Wirkung-Prinzip analysiert. Am Ende gibt es eine Schlussfolgerung, die sogenannte Conclusio. Wenn Sie also über die neue Übertragungstechnik 5G referieren würden, könnten Sie damit beginnen, die ganzen Ursachen aufzuzählen, was an heutigen Mobilfunkstandards suboptimal ist: zu niedrige Datenraten für Videos, zu lange Antwortzeiten, Probleme, wenn sich sehr viele Nutzer gleichzeitig in das Funknetz einwählen und so weiter. Die Schlussfolgerung wäre dann, dass es einen neuen Standard wie 5G braucht, um die Probleme zu beseitigen.
- Die Standpunkt-Struktur: Bei dieser Erzählstruktur kommt man gleich zur Sache, fasst die Problematik kurz zusammen und präsentiert gleich danach die Lösung. Anschließend erfolgt eine Analyse, warum das eben Gesagte Sinn macht. Im Fall von 5G würden Sie also damit beginnen, zu sagen, dass man einen neuen Mobilfunkstandard benötigt und zwar 5G. Der Grund wären die vielfältigen Probleme mit den heutigen Mobilfunkstandards. Die Probleme im Einzelnen seien …

In (Hermann-Ruess und Ott 2014) wird ein sehr praktischer und effizienter Aufbau einer Präsentation vorgestellt, der Elemente sowohl der Gutachter-Struktur als auch der Standpunkt-Struktur enthält. Der Aufbau ist in Abb. 7.1 zusammengefasst.

Je nachdem, welches Thema Sie vortragen, kann die Länge der unterschiedlichen Phasen der Struktur unterschiedlich sein. Es kann sein, dass die Erläuterung des Problems eine größere Zeit benötigt und die Lösung sehr kurz und kompakt dargestellt werden kann. Es kann aber, je nach Thema, auch umgekehrt sein. Sie können also aus der Darstellung in Abb. 7.1 nicht auf die Zeitverteilung der einzelnen Phasen schließen.

Die Phasen in Abb. 7.1 sollten sich in Ihren Folien widerspiegeln. Die Einleitung und den Ohrenöffner haben Sie schon kennengelernt.

> **Wichtig** Machen Sie sich klar, aus welchem Personenkreis sich Ihre Zuhörerschaft zusammensetzt und welche limbischen Belohnungssysteme dort stark vertreten sind. Passen Sie Ihre Argumentation dann Ihrer Zuhörerschaft an, um Gehör zu finden.

Als nächstes erläutern Sie das Hauptproblem und präsentieren eine kurze Zusammenfassung, wie sich dieses lösen lässt. Jetzt haben die Zuhörer einen Überblick über das, was kommt, und können Ihrer Argumentation gut folgen. Das Ganze ist eine sehr kurz gefasste Gutachter-Struktur mit Lösungsskizze gleich am Anfang des Vortrages, was wiederum der Standpunkt-Struktur entlehnt ist. Sie wollen Ihrer Zuhörerschaft also gleich am Anfang eine grobe Zusammenfassung des gesamten Vortrages geben. Sie sagen: „Es gibt im Bereich xyz eine Reihe ernstzunehmender Schwierigkeiten, zum Beispiel

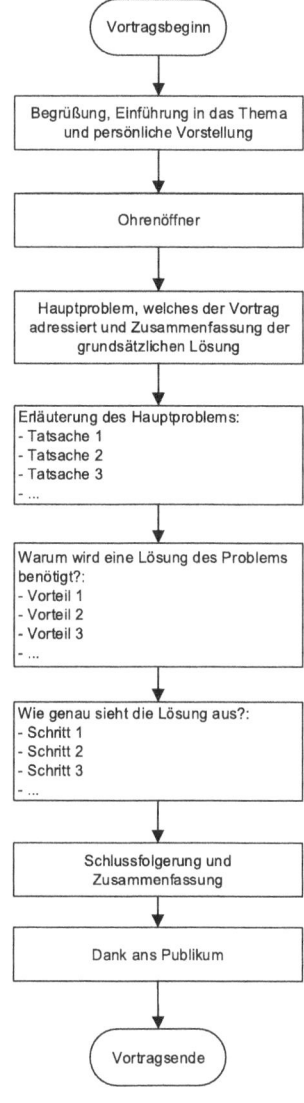

Abb. 7.1 Präsentationsstruktur nach (Hermann-Ruess und Ott 2014) und (Fey 1979)

A, B, C und ich habe die Lösung dafür, diese heißt alpha. Ich werde nun erläutern, wie das funktioniert." Spätestens jetzt haben Sie die Aufmerksamkeit Ihrer Zuhörer, wenn das nicht schon beim Ohrenöffner geklappt hat. Die Struktur aus (Hermann-Ruess und Ott 2014) ist deswegen so geschickt, weil Sie damit den Zuhörern die Chance geben, schrittweise einen immer tieferen Blick in Ihr Thema zu bekommen. Der Ohrenöffner ist nur ein kurzes Blitzlicht. Die folgende Kurzzusammenfassung gewährt einen Einblick in die Bedeutung des Themas und seiner Lösung, und dann kommen, für die Interessierten, die Details, die schlüssigen Argumente. Da die Zuhörer den groben Überblick schon haben, können Sie Ihrer ausführlichen Argumentation nun leichter folgen.

In der Was-Phase gehen Sie eine Stufe tiefer und erläutern Ihr Thema auf strukturierte und detaillierte Weise. Im Allgemeinen müssen Sie in dieser Phase auch ein paar Grundlagen vermitteln, damit Ihre Zuhörer den Rest des Vortrages verstehen können. Als Faustregel können Sie für die Erläuterungsphase ein Drittel Ihrer Vortragszeit ansetzen. Je nach Schwierigkeitsgrad des Themas und dem Wissenstand Ihrer Zuhörerschaft kann diese Zeit aber auch kürzer oder länger ausfallen. Am Ende der Erläuterungsphase sollte jedem im Raum klar sein, um welches Problem es sich handelt.

In der Warum-Phase führen Sie aus, weshalb es sich lohnt, das beschriebene Problem zu lösen, beziehungsweise, welcher Vorteil sich daraus ergibt. Am Ende dieser Phase sollten Sie eine Folie zeigen, die alle wesentlichen Vorteile zusammenfasst. So können Sie auch für Entscheidungsträger, die vielleicht im Raum sind – zum Beispiel Ihr Professor oder ein potenzieller Arbeitgeber –, noch einmal einen kompakten Überblick über den Wert Ihrer Arbeit geben. Im nächsten Kapitel gehe ich noch etwas näher auf diese Phase ein, denn die Warum-Phase orientiert sich stark an der Zusammensetzung Ihrer Zuhörerschaft.

In der letzten der drei Hauptphasen, der Wie-Phase, erklären Sie, wie die von Ihnen erarbeitete Lösung funktioniert. Beim Vorstellen einer Abschlussarbeit dauert dies üblicherweise am längsten.

Wenn Sie die Wie-Phase abgeschlossen haben, sollten Sie eine Zusammenfassung aller drei Phasen anhängen und die wichtigsten Aspekte und Argumente noch einmal wiederholen. Gehen Sie davon aus, dass sich Ihre Zuhörer an Vieles von dem, was Sie erzählt haben, nicht mehr oder zumindest nicht mehr so genau erinnern können, vor allem, wenn Ihr Vortrag lange gedauert hat. Daher sollten Sie diese Zusammenfassung für Ihre Zuhörer unbedingt präsentieren.

Schließlich bedanken Sie sich bei Ihrer Zuhörerschaft und laden zu Fragen ein, etwa so: „Ich bin nun am Ende meines Vortrages angelangt und bedanke mich ganz herzlich für Ihre Aufmerksamkeit. Ich stehe Ihnen nun gerne für Fragen zur Verfügung. Vielen Dank!" Ein „Vielen Dank!" am Schluss ist immer passend, denn die Zuhörer schätzen ein klares Signal, wann applaudiert werden soll.

In der Rhetorik gibt es ein Bonmot, das ich gerne die „Nullte Annäherung für den Aufbau eines Vortrags" nenne: „Ein Drittel Ihres Vortrages sollen alle Anwesenden verstehen, ein weiteres Drittel verstehen nur die Experten und das letzte Drittel verstehen nur Sie selbst." Nehmen Sie dies bitte nicht zu ernst, denn es macht nach meiner Auffassung keinen wirklichen Sinn, einen Vortrag zu halten, von dem rund ein Drittel vollkommen unverständlich für alle Zuhörer ist. Ich nenne dieses Bonmot aber trotzdem gerne, da es ein Körnchen Wahrheit enthält. Dieses Körnchen warnt, dass Ihr Vortrag weder trivial noch zu kompliziert sein sollte. Ist er zu einfach, bieten Sie für niemanden eine neue Information und langweilen schlimmstenfalls nur. Ein zu komplizierter Vortrag dagegen ermüdet schnell, hat keinen Unterhaltungswert, und es besteht die Gefahr, dass die Zuhörer einschlafen. In beiden Fällen bringen Sie Ihre Botschaft nicht unter die Leute.

7.1.4 Aufs Publikum einstellen

Der Köder muss dem Fisch schmecken, nicht dem Angler … Was glauben Sie ist eine der wichtigsten Eigenschaften Ihrer Präsentation? Sie sollte möglichst gut an Ihre Zuhörerschaft angepasst sein. Dafür müssen Sie vorab klären: Wer sind meine Zuhörer? Was ist deren Hintergrundwissen? Was erwarten Sie von dem Vortrag? Tragen Sie zum Beispiel vor Ihrem Professor und seinen Mitarbeitern vor? Werden auch Kommilitonen anwesend sein? Haben Sie Ihre Abschlussarbeit in Kooperation mit der Industrie angefertigt und werden vielleicht Firmenvertreter im Publikum sein? Gerade, wenn Sie die Vorteile Ihrer Lösung ausführen (in der Warum-Phase), müssen Sie unter Umständen verschiedene Interessen adressieren.

In der wissenschaftlichen Welt sind viele Personen, die hauptsächlich dem Typ „Entdecker" zuzuordnen sind (vgl. Abschn. 1.3). Wie Sie bereits wissen, bevorzugt dieser Typ geniale, neue Ideen, raffinierte mathematische Tricks und brillante Einfälle. In der Industrie finden sich aber häufig Vertreter vom Typ „Gewinner", vor allem, wenn der Repräsentant in der Hierarchieebene weiter oben steht. „Gewinner" legen Wert auf Informationen wie „Wie viel Kosten können eingespart werden?" oder „Um welchen Faktor ist der Algorithmus schneller als herkömmliche?". In bestimmten Situationen werden Sie auch den Typus „Einfühlsamer" vorfinden, gerade wenn es viele Zuhörer sind. Also ist es oft auch von Vorteil, nach Argumenten auf dieser Ebene zu suchen und sich die Frage zu stellen: „Wie kann die Information aus dem Vortrag das Wohlbefinden oder die Motivation eines Teams verbessern oder vielleicht deren Arbeitslast reduzieren?" Diese Art von Vorteil kann zum Beispiel daraus erwachsen, dass eine von Ihnen untersuchte Produktionsvorschrift die Produktionsabläufe derart verbessert, dass weniger Fehler und damit weniger Stress für die Mitarbeiter entsteht. Eine neue Methode oder ein eleganter Algorithmus kann auch die Chancen eines Teams erhöhen, mit ihrem Produkt am Markt Erfolg zu haben. Dies führt zu erhöhter Motivation – vor allem, wenn die Konkurrenz diese neue Methode noch nicht kennt. Sie sehen, dass mit ausreichender Überlegung oft für alle limbischen Belohnungssysteme Vorteilsargumente auffindbar sind.

Selbstverständlich sollten Sie daneben immer auch Wert auf Präzision legen, immerhin referieren Sie über eine wissenschaftliche Arbeit, die verstehbar, überzeugend und reproduzierbar sein muss.

Ein nettes Detail in Ihrem Vortrag kann übrigens sein, dass Sie einen Rückwärtszähler auf den Folien einbauen. Anstatt von 1 aufwärts zu zählen, zeigt die erste Folie die Folienzahl, und dieser Wert reduziert sich von Folie zu Folie immer um einen Zähler. Oder Sie geben auf Ihren Folien immer noch die Gesamtfolienzahl an, so dass zum Beispiel der Zähler auf Folie 8 „8 von 24" lautet, wenn Sie insgesamt 24 Folien haben. Gerade Zuhörer, die eher ungeduldig sind oder wenig Zeit haben, schätzen diese Art, denn so wissen sie immer ungefähr, wie lange der Vortrag noch in etwa dauern wird.

7.1.5 Eine Frage der Zeit

Es gibt zwei Zeitfaktoren, die Sie beachten müssen: zum einen, wie viel Zeit Ihr Vortrag dauern soll und wie viele Folien darin unterzubringen sind, und zum anderen, wie lange Sie brauchen, um die Präsentation vorzubereiten.

Empfehlungen, was beides anbelangt, sind mit Vorsicht zu genießen. Die Vorbereitungszeit hängt zum Beispiel stark davon ab, wie komplex das Thema ist, aber auch von den Daten, die aktuell schon vorhanden und für eine Präsentation aufbereitet sind.

Es kann sein, dass die Dauer der Präsentation vorbestimmt ist, möglicherweise können Sie diese aber auch selbst bestimmen. Im letzteren Fall haben Sie natürlich mehr Gestaltungsmöglichkeiten und können den Vortrag besser auf Ihre Zuhörer, deren potenzielles Interesse sowie Vorwissen und so weiter abstimmen.

Auch wenn die unterschiedlichen Umstände deutlichen Einfluss auf die Vortrags- und Vorbereitungsdauer haben, so möchte ich doch ein paar allgemeingültige Hinweise geben, die Ihnen vielleicht helfen – vor allem, wenn Sie auf Ihrem Weg zum Vortragsexperten noch am Anfang stehen:

- Es ist sehr wichtig, dass Ihr Vortrag die veranschlagte Vortragszeit recht genau trifft. Ihre Zuhörer haben häufig einen prallvollen Terminkalender, und mit der Einhaltung der Vorbereitungszeit zollen Sie dem Respekt.
- Als Daumenregel können Sie zwei Minuten Redezeit pro Folie ansetzen. Da dies nur eine grobe Abschätzung ist (und nicht nur deswegen), sollten Sie Ihren Vortrag unbedingt proben. Dadurch werden Sie sicherer und souveräner in Ihrer Präsentation und erlangen größere Klarheit, was Ihre Vortragsdauer anbelangt. Sie können davon ausgehen, dass alle guten Redner ihre wichtigen Vorträge mehrfach vor dem eigentlichen Hauptereignis proben, oftmals vor kleinerem Publikum. Da die Präsentation Ihrer Abschlussarbeit definitiv ein wichtiger Vortrag ist, sollten Sie diesen auch mehrfach

üben, idealerweise vor einem Publikum mit ähnlichem Vorwissen wie Ihr Zielpublikum.
- Noch eine Daumenregel: Eine Minute Redezeit benötigt etwa eine Stunde an Vorbereitungszeit. Wenn Ihr Vortrag also 20 min dauern soll, kalkulieren Sie mindestens drei volle Tage Arbeit ein. Wenn dies Ihr erster wichtiger Vortrag ist und Sie daher noch mehr Übung benötigen, werden Sie vermutlich noch länger brauchen.

7.2 Was oft schief läuft

Es ist natürlich nicht wirklich möglich, einen Rat zu erteilen, was Sie in Ihrem Vortrag zeigen sollten und was nicht. Dazu sind die potenziellen Themen und Zuhörer viel zu unterschiedlich. Es gibt aber durchaus Fehler, die häufig in Präsentationen vorkommen, und die Sie vermeiden sollten.

> **Wichtig** Arbeiten Sie in Ihrem Vortrag so viel wie möglich mit Bildern und Grafiken und so wenig wie möglich mit Text. Dann bleiben Ihre Zuhörer wach und können das Gesagte besser im Gedächtnis behalten.

Hier kommt meine Lieblingsauswahl an Vortragsfehlern, die in Folien gerne gemacht werden. Vieles davon stammt aus meinen Erfahrungen mit „echten" Vorträgen, vieles stammt aber auch aus (Harris 2009). Diese Auswahl wird am besten durch die Folien aus Abb. 7.2, 7.3, 7.4, 7.5, 7.6, 7.7, 7.8, 7.9 und 7.10 repräsentiert. Schauen Sie die Darstellungen einfach an. Ich denke, die Beispiele sprechen für sich selbst.

Die nächsten Folien zeigen ein paar gute Eigenschaften.

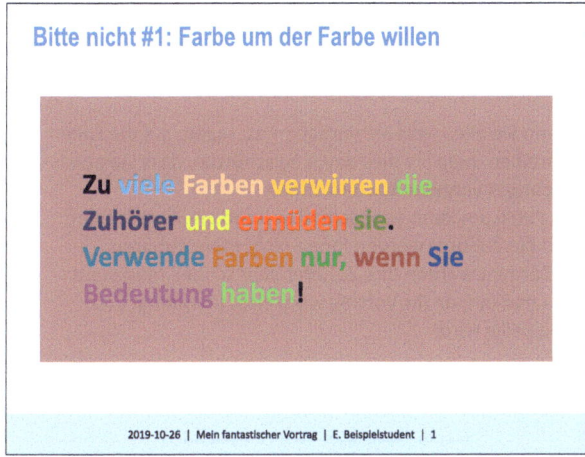

Abb. 7.2 Wenn Sie Farbe verwenden, muss sie einem Zweck dienen. Verwenden Sie keine Farben, nur um es bunt zu machen

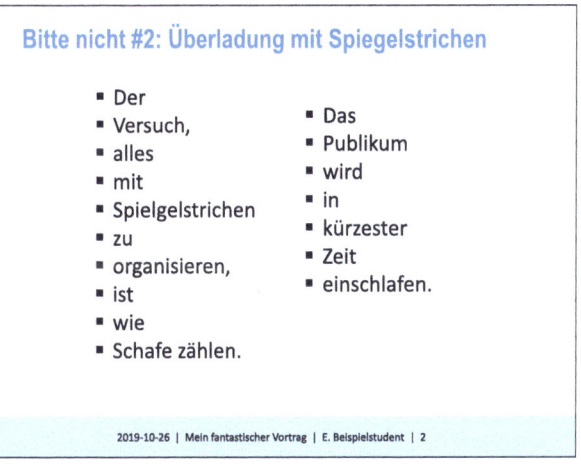

Abb. 7.3 Spiegelstriche oder *bullet points* können nützlich sein. Allerdings sollten diese eher spärlich benutzt werden. Präsentieren Sie bitte keine Endloslisten

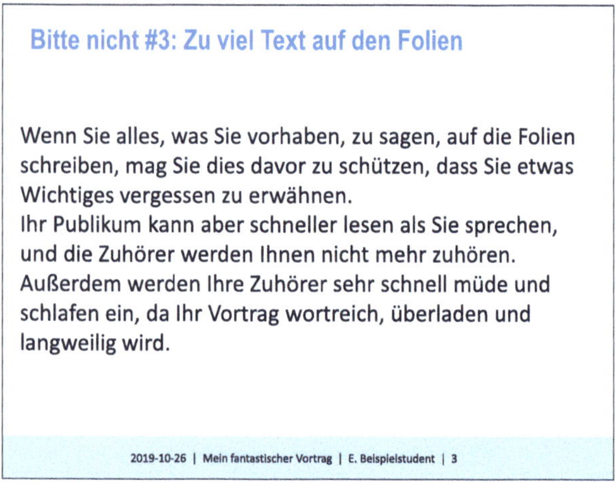

> **Bitte nicht #3: Zu viel Text auf den Folien**
>
> Wenn Sie alles, was Sie vorhaben, zu sagen, auf die Folien schreiben, mag Sie dies davor zu schützen, dass Sie etwas Wichtiges vergessen zu erwähnen.
> Ihr Publikum kann aber schneller lesen als Sie sprechen, und die Zuhörer werden Ihnen nicht mehr zuhören.
> Außerdem werden Ihre Zuhörer sehr schnell müde und schlafen ein, da Ihr Vortrag wortreich, überladen und langweilig wird.
>
> 2019-10-26 | Mein fantastischer Vortrag | E. Beispielstudent | 3

Abb. 7.4 Eine Präsentation sollte eher bildlich sein, denn Bilder sind Gedächtnisanker, die bei Ihren Zuhörern am besten haften bleiben

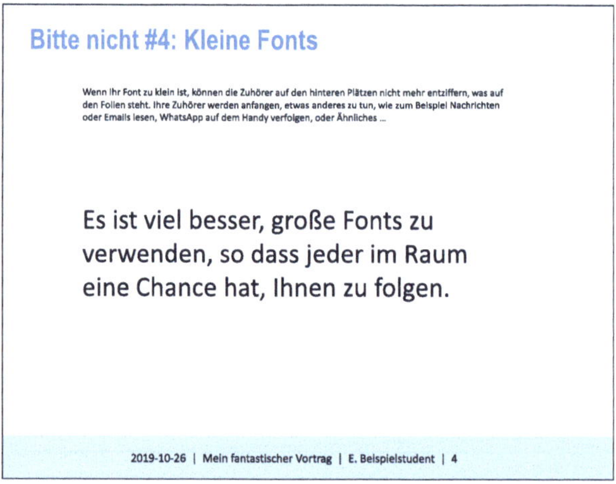

> **Bitte nicht #4: Kleine Fonts**
>
> Wenn Ihr Font zu klein ist, können die Zuhörer auf den hinteren Plätzen nicht mehr entziffern, was auf den Folien steht. Ihre Zuhörer werden anfangen, etwas anderes zu tun, wie zum Beispiel Nachrichten oder Emails lesen, WhatsApp auf dem Handy verfolgen, oder Ähnliches …
>
> Es ist viel besser, große Fonts zu verwenden, so dass jeder im Raum eine Chance hat, Ihnen zu folgen.
>
> 2019-10-26 | Mein fantastischer Vortrag | E. Beispielstudent | 4

Abb. 7.5 Wenn man Folien am Rechner entwirft, schätzt man die Schriftgröße, die auch in den hinteren Zuhörerreihen noch lesbar ist, oft falsch ein

7 Halten von Vorträgen

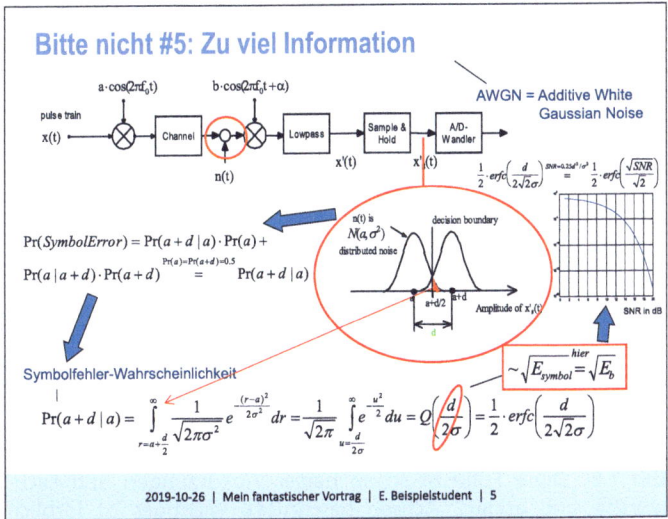

Abb. 7.6 Als technisch orientierter Mensch ist man gerne verleitet, zu viel Information auf eine Folie zu packen. Ihr Publikum wird so schlicht überfordert. Wenn Sie die gesamte Information präsentieren müssen, verteilen Sie diese auf mehrere Folien

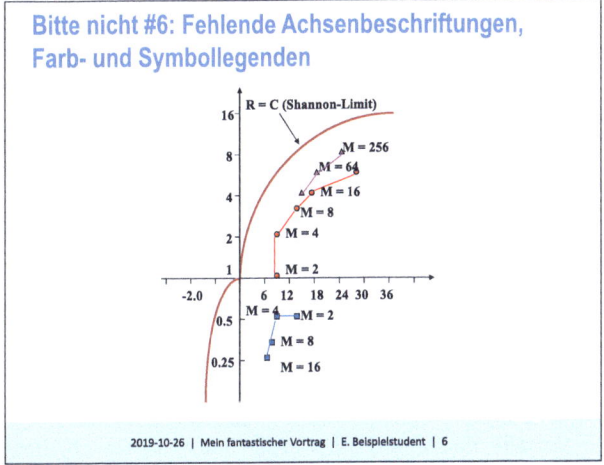

Abb. 7.7 Alle Achsen müssen beschriftet, alle Abkürzungen erklärt oder bekannt sein (was bedeutet M, R, C??). Auch die Farben sollten in einer Farblegende erläutert sein

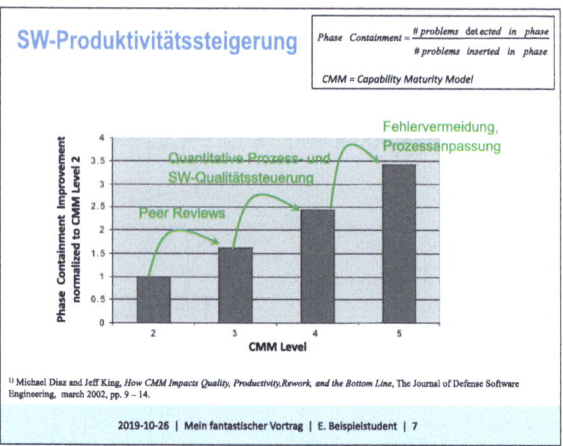

Abb. 7.8 Diese Folie ist schon besser. Abkürzungen und Fachbegriffe sind erklärt, Achsen beschriftet, wichtiges ist farblich hervorgehoben, die Informationsdichte ist nicht zu hoch

Abb. 7.9 In diesem Beispiel sind die Spiegelstriche nützlich. Die Darstellung als „+"-Zeichen betont, dass die zugehörigen Aussagen Vorteile darstellen. Sie werden auch feststellen, dass es für jedes der vier limbischen Belohnungssysteme mindestens ein Argument gibt. Wenn Sie die Zusammensetzung Ihres Publikums nicht kennen, ist das eine gute Strategie, um allen Zuhörern die Vorteile Ihrer Lösung zu vermitteln

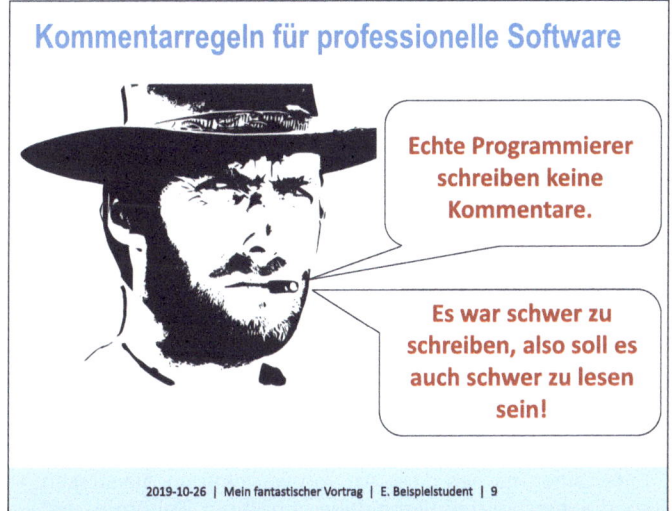

Abb. 7.10 Nutzen Sie durchaus Humor. Das gibt Ihrem Publikum eine kurze Atempause von der konzentrierten Aufmerksamkeit. Bleiben Sie aber bei geringer Dosierung

7.3 Gründliche Vorbereitung

Wie schon erwähnt, sollten Sie sich gründlich vorbereiten und Ihre Präsentation mindestens zweimal als Generalprobe halten, bevor Sie vor Ihr Zielpublikum treten. Dadurch können Sie Ihren Vortrag so anpassen, dass er innerhalb des Zeitlimits bleibt, und Sie selbst haben dann alles so gut im Kopf, dass Sie freier sprechen können.

Sie werden möglicherweise erstaunt feststellen, dass Sie beim ersten Probevortrag an vielen Stellen erst einmal nicht die richtigen Worte finden, selbst wenn Sie Ihre Folien sehr sorgfältig vorbereitet haben. Frei sprechen ist eben doch eine Sache für sich. Mit der Zeit, wenn Sie schon viele Vorträge gehalten haben und darin geübt sind, ändert sich das, aber als Vortragsungeübter werden Sie immer mal wieder in die Situation kommen, nach dem richtigen Wort suchen zu müssen.

Nutzen Sie also die Gelegenheit und halten Sie Ihren Vortrag vor Freunden, Eltern, Kommilitonen. Auch ein Vortrag vor einer „weißen Wand" oder einem imaginären Publikum ist sehr nützlich. All dies hilft, um mit der Situation des Vortrags vertraut zu werden. Kurz: wenn Sie Ihre Präsentation im Beisein Ihres Professors halten, sollte dies nicht das erste Mal sein, dass Sie Ihre eigene Stimme hören.

> **Wichtig** Unterhalten Sie sich vor dem Vortrag eine kurze Zeit mit einigen der anwesenden Zuhörer. Alle guten Entertainer machen diese Art von warming up. Sie stärken so die persönliche Verbindung mit Ihren Zuhörern und senken gleichzeitig Ihre eigene Nervosität.

7.4 Körpersprache

Es kommt selten vor, dass ein Thema alleine so spannend ist, dass es reicht, um beim Publikum während der gesamten Vortragszeit Aufmerksamkeit zu erreichen. Wenn Sie also wollen, dass Ihr Publikum aufmerksam bleibt, kommt es auch sehr auf die Art der Darbietung an. Die Körpersprache spielt hierbei eine bedeutende Rolle.

7.4.1 Haltung bitte

Im Folgenden finden Sie einige wichtige Hinweise zur Körperhaltung:

- Bevor Sie mit dem Vortrag beginnen, vergewissern Sie sich, dass Sie mit Ihrer eigenen Aufmerksamkeit voll da sind. Pausieren Sie kurz, stehen Sie aufrecht und nehmen Sie einen festen, aber entspannten Stand ein.
- Versuchen Sie immer, Ihr Publikum anzuschauen, wenn Sie sprechen. Drehen Sie sich nicht weg und reden Sie nicht mit den Folien, die an die Wand projiziert werden. Natürlich können Sie sich kurz den Folien zuwenden und zum Beispiel etwas zeigen, drehen Sie sich dann aber gleich wieder Ihrem Publikum zu. Auf diese Weise kann man akustisch deutlich besser verstehen, was Sie sagen. Vor allem aber fühlen sich Ihre Zuhörer einbezogen und angesprochen. Das ist für Ihr Publikum viel interessanter, als nur einem Monolog zu lauschen. Sie müssen natürlich nicht jede einzelne Person im Raum anschauen. Schauen Sie auf jene Personen, die Ihnen ein gutes Gefühl geben, die vielleicht ab und zu zustimmend mit dem Kopf nicken und aufmerksam sind. Die Verbindung, die hierbei entsteht, strahlt auch auf die anderen Zuhörer aus. Hier noch ein Tipp für sehr nervöse Menschen, die noch nervöser werden, wenn Sie andere anschauen: Man kann auch gezielt nicht in die Augen der Zuhörer schauen, sondern an deren Stirn bzw. Haaransatz. Diesen kleinen Winkel wird der Zuhörer nicht bemerken, er fühlt sich dennoch angeschaut. Der Redner aber wird nicht verunsichert durch den direkten Blick der Zuhörer auf sich.
- Achten Sie darauf, dass Sie nicht im Blick der Zuhörer stehen. Es stört ungemein, wenn Sie zum Beispiel einen speziellen Folieninhalt erläutern, das Publikum aber die Folie nicht sehen kann, weil Sie den Blick darauf versperren. Stehen Sie also immer seitlich zu den Folien und zeigen Sie von außen auf die Stellen, die Sie näher

beschreiben oder erläutern wollen. Schauen Sie sich hierzu Abb. 7.11 an.

- Wenn Sie eine Gruppenpräsentation haben, in welcher jeder Gruppenteilnehmer einen Teil des Vortrages übernimmt, achten Sie darauf, in der Mitte zu stehen, wenn Sie an der Reihe sind.
- Stehen Sie aufrecht und entspannt. Sie werden dies ganz automatisch tun, wenn Sie innerlich den Wunsch verspüren, Ihrer Zuhörerschaft etwas Interessantes erzählen zu wollen, damit alle an den neuen Erkenntnissen teilhaben können. Wenn Sie den Vortrag als Last empfinden, die Sie eben tragen „müssen", dann wird sich das auch in Ihrer Körperhaltung widerspiegeln.

7.4.2 Bewegen Sie sich

Es ist sowohl für Sie selbst als auch für Ihre Zuhörer ermüdend, wenn Sie während des gesamten Vortrages an ein und derselben Stelle stehen. Selbst wenn es ein Vortragspult gibt, sollten Sie sich immer wieder davon weg bewegen, um

Abb. 7.11 Wenden Sie sich Ihrem Publikum zu, statt mit der Projektionswand zu reden. Blockieren Sie nicht die Sicht auf die Folien, sondern stehen Sie neben der Projektionsfläche, sodass alle Zuhörer sehen können, was auf den Folien steht

dann wiederum dorthin zu gehen. Wenn Sie sich bewegen, wirken Sie lebhafter und aktiver, sodass es dem Publikum leichter fällt, aufmerksam zu bleiben. Sie sollten aber auch nicht herumzappeln und überaktiv sein. Heinrich Fey (1979), ein bekannter Rhetoriktrainer sagt, Sie sollten ein „rollender Leuchtturm auf Rädern" sein, wobei die „Bewegungszeit" und die „Pausenzeit" sich die Waage halten sollten.

> **Wichtig** Geben Sie Ihren Schultern und Armen Raum, während Sie sich bewegen. So wirken Sie offen und ehrlich und auch die Zuhörer hinten im Saal nehmen Sie noch wahr.

7.4.3 Verwenden Sie Gesten

Gesten bringen Leben in eine Präsentation. Stellen Sie sich einen Redner vor (vielleicht sind Sie auch schon Zeuge eines solchen geworden), der sich keinen Zentimeter bewegt, seine Hände nicht zum Gestikulieren benutzt und dessen Arme nur herabhängen (vgl. Abb. 7.12). Um die wohltuende Wirkung von Gesten bei Vorträgen zu beobachten, gehen Sie auf Youtube® und sehen sich einmal Vorträge von Steve Jobs oder Randy Pausch an. Auch die Reden von Barak Obama eignen sich gut: Sie alle benutzen Gesten auf perfekte Weise. Beobachten Sie genau und nehmen Sie bewusst wahr, wie diese Meisterredner nicht wild gestikulieren, sondern genau die richtige Dosis an Gesten verwenden. Hier sind ein paar Hinweise:

- Wenn Sie Gesten machen, sollten Sie dies nicht oberflächlich und hastig tun. Wenn Sie zum Beispiel hastig auf eine Stelle der Folie zeigen und die Hand sofort wieder zurückziehen und diese anschließend sogar quasi noch verstecken, macht dies einen fahrigen,

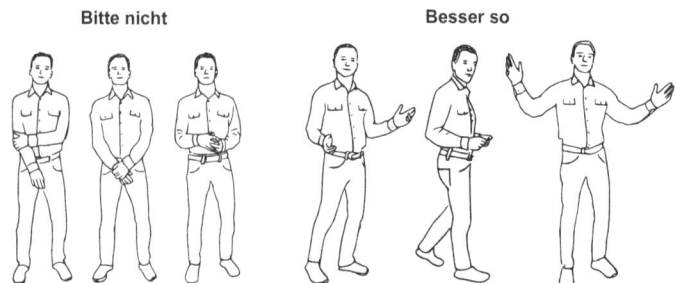

Abb. 7.12 Bewegen Sie sich frei, statt mit blockierten Armen und Händen dazustehen

unsicheren Eindruck. Verharren Sie vielmehr kurz in der Endposition und lassen die Geste „ausklingen". Wenn Sie das tun, wird das Publikum Sie als kompetent und ruhig wahrnehmen.
- Bewegen Sie Ihre Hände nicht nur auf Hüfthöhe. Führen Sie Ihre Hände bis auf Schulterhöhe und öffnen Sie die Handflächen zum Publikum. Verstecken Sie Ihre Hände nicht hinter dem Rücken. Dadurch wirken Sie freundlich, vertrauenserweckend und offen und vermitteln, dass Sie nichts zu verbergen haben.
- Bewegen Sie Ihre Arme und nicht nur die Hände. Befreien Sie Ihre Ellbogen, sodass diese nicht „am Körper kleben". Auf diese Art „umarmen" Sie Ihr Publikum und geben ihm das Gefühl, zu ihm zu sprechen anstatt nur über „etwas" zu reden.

Die Darstellung in Abb. 7.13 veranschaulicht dies.

Abb. 7.13 Befreien Sie Ihre Ellbogen. Verwenden Sie offene Gesten, das heißt, wenden Sie Ihre Handflächen dem Publikum zu

7.4.4 Rhetorisch verstärken

Rhetorische Verstärker machen einen großen Unterschied, was die Wahrnehmung Ihrer Präsentation und vor allem von Ihnen selbst anbelangt. Sie sollten diese Verstärker aber mit Augenmaß einsetzen. Zu viele davon wirken sie aufgesetzt und nicht authentisch.

Ein bekannter und wirksamer Verstärker ist die „Sprechen-Pause-Geste-Sprechen"-Sequenz, die in Abb. 7.14 verbildlicht ist.

Vielleicht haben Sie schon einmal die Szene aus dem Film City Slickers gesehen, in der Curly (Jack Palance) seinem Begleiter Mitch (Billy Crystal) das Geheimnis des Lebens offenbart: nur „eine Sache". Die „Sprechen-Pause-Geste-Sprechen"-Sequenz wird hier ganz subtil eingesetzt.

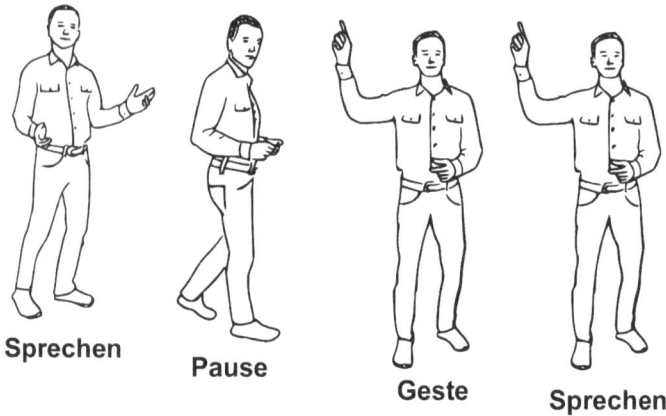

Abb. 7.14 Die „Sprechen-Pause-Geste-Sprechen"-Sequenz wirkt als rhetorischer Verstärker

Es kann auch eine Offenbarung sein, gute Comedians oder Schauspieler auf der Bühne zu beobachten. Gerade auf der Bühne werden rhetorische Verstärker häufig eingesetzt, wenn Sie zur Situation passen. Zu diesen Verstärkern gehören auch schlicht und einfach Pausen.

Pausen sind sehr wirkungsvolle rhetorische Verstärker. Sie geben Ihren Zuhörern die Gelegenheit, das soeben Gesagte nachwirken zu lassen. Beständiges Reden dagegen überlastet Ihre Zuhörer und führt zu deren Müdigkeit. Schauen Sie sich zu diesem Thema noch einmal das Beispiel aus Abschn. 7.1.2 „Der Ohrenöffner" an. Das Publikum liebt Pausen, aber das richtige Timing ist hier entscheidend.

7.5 Ihre Stimme

Letztendlich besteht Ihr Vortrag zu einem großen Teil, daraus, dass Sie etwas erzählen, daher sind einige Hinweise zum Gebrauch der Stimme angebracht.

> **Wichtig** Sprechen Sie so natürlich wie möglich, aber dennoch mit angemessenem Stil. Seien Sie einfach authentisch und versuchen Sie nicht, eine Rolle zu spielen.

„Mein Name ist Bond … James Bond." Wann haben Sie diesen Satz das letzte Mal in einem der entsprechenden Filme gehört? Versuchen Sie sich daran zu erinnern und vergegenwärtigen Sie sich, wie es geklungen hat. Es gibt wahrscheinlich keinen James Bond Film ohne. Der Klang dieses Satzes bietet einen guten Gedächtnisanker für folgende Merkregel: Die Tonhöhe sollte am Ende eines normalen Aussagesatzes nach unten gehen. Bei einer Frage geht sie zum Beispiel eher nach oben. Die Tonhöhe Ihrer Stimme sollte während Ihres Vortrages also *nicht* ständig nach oben gehen, wenn Sie einen Satz beenden. Ebenso wenig sollten Sie Ihre Stimme so auf und ab modulieren, wie es bei einer Ansage im Flugzeug oft gemacht wird. Schauen Sie sich hierzu auch Abb. 7.15 an.

Hier sind noch ein paar andere Hinweise:

- Versuchen Sie sehr lange Sätze zu vermeiden, da diese schwerer verständlich sind.
- Gerade wenn Sie nervös sind, kann es sein, dass Sie die Tendenz haben, leiser zu werden, besonders am Ende des Satzes. Versuchen Sie, dies zu vermeiden, da es den Eindruck erweckt, dass Sie etwas verbergen wollen. Versuchen Sie, normal laut zu bleiben.
- Sprechen Sie mit natürlicher, frischer Geschwindigkeit. Nicht zu langsam (schläfert die Zuhörer ein) und nicht zu schnell (die Zuhörer können nicht folgen): „In der Ruhe liegt die Kraft."

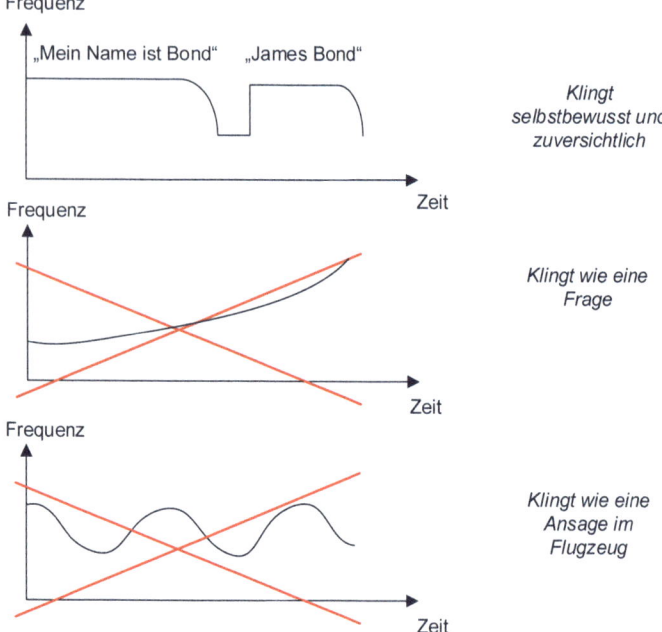

Abb. 7.15 Wenn Sie von Fakten berichten, senken Sie die Tonhöhe am Ende des Satzes eher ab

7.6 Zusammenfassung

Ich habe ein paar Hinweise gegeben, was gute Präsentationen ausmacht. Manche sind recht einfach und leicht umzusetzen, andere kann man sich nicht wirklich zu eigen machen, indem man sie nur liest. Ich möchte Ihnen folgende Vorträge auf Youtube® ans Herz legen: „Steve Jobs iPhone 1 presentation" und Randy Pauschs „Last Lecture". Schauen Sie sich das an und versuchen Sie, die Stilelemente auszumachen, die ich vorgestellt habe. Sie werden feststellen, dass beide einiges davon verwenden. Sie werden auch bemerken, dass beide sogar Dinge tun, wenn auch nur gelegentlich, von denen ich eher abgeraten habe. Die Präsentationen werden dadurch aber nur umso lebendiger und sehen überhaupt nicht geprobt aus, sondern ganz natürlich.

Einen guten Vortrag zu halten ist, ebenso wie die Schauspielerei oder der Auftritt als Comedian: eine Kunst, die man lernen kann – und auch sollte. Bei guten Vorträgen ist sehr wichtig, dass man authentisch wirkt. Ihr Publikum spürt sehr schnell, ob Ihr Vortragsstil „angelernt" ist und Ihrer Persönlichkeit nicht wirklich entspricht. Auch wenn dem so ist, ist es meiner Ansicht nach ein guter Ansatz, bestimmte Dinge immer wieder zu versuchen, bis sie schließlich zur eigenen Natur werden und dann auch authentisch sind. „Fake it until you make it", heißt hier der Wahlspruch. Vielleicht werden Sie jetzt sagen, dass es so viele Hinweise gibt, dass Sie diese unmöglich alle gleichzeitig beachten können. Einerseits haben Sie Recht, andererseits haben Sie bestimmt auch Autofahren gelernt. Da war es am Anfang vermutlich auch so, dass erst mal alles zu viel erschien. Und noch etwas: Wenn Sie wirklich das innerliche Bedürfnis spüren, Ihrem Publikum etwas näherzubringen, machen Sie automatisch viele Sachen von selbst richtig, ohne dass Sie bewusst darauf achten müssen.

Es ist wie bei Ihren Prüfungen: Geben Sie sich selbst immer wieder die Möglichkeit, Fehler zu machen. Fehler sind da, um korrigiert zu werden. Sie müssen sich ihrer nur bewusst sein.

Gerade in Bezug auf Vorträge werden Sie nur besser, wenn Sie immer wieder Vorträge halten, vorzugsweise natürlich vor einem Publikum, wo die Konsequenzen von Unvollkommenheiten nicht gravierend sind.

Arbeiten Sie an Ihrem Vortragskönnen und verfeinern Sie Ihre Fertigkeiten über die Jahre, Sie werden diese während Ihrer gesamten beruflichen Karriere benötigen. Für die Präsentation Ihrer Abschlussarbeit genügen allerdings die Grundlagen. Ihre Zuhörer wissen schließlich, dass Sie am Anfang Ihrer Karriere stehen und werden Ihre Vortragstechnik wohlwollend beurteilen.

8
Auf das Arbeitsleben vorbereiten

„Was auch immer Sie sind, seien Sie gut darin."
(Abraham Lincoln)

8.1 Wonach der Arbeitgeber sucht

Ich habe selbst viele Mitarbeiter eingestellt und Anderen dabei geholfen, neue Kollegen einzustellen. Ich kann Ihnen also einige Hinweise geben, was für einen Personalvermittler oder einen potenziellen Vorgesetzten wichtig ist. Weitere Informationen können Sie zum Beispiel (Kelley Services 2015) entnehmen.

Als potenzieller Vorgesetzter suche ich natürlich nach jemandem, der wirklich fähig und auch gewillt ist, meiner Mannschaft zu helfen. Der Grund, warum ich überhaupt neue Arbeitskräfte einstellen will ist, dass es so viel Arbeit zu tun gibt, dass ich zusätzliche Unterstützung benötige. Diese Unterstützung muss mir Erleichterung und Hilfe sein und sollte mir keine Probleme oder Ärger bereiten.

Einer meiner Professoren sagte einmal zu uns Studenten: „In der Praxis zählt nur die Eins." Dem kann ich nur zustimmen. Die Produkte, die Sie mithelfen zu bauen, die wissenschaftliche Arbeit, die Sie vielleicht machen sollen, all dies muss wirklich funktionieren und absolut solide sein. Ein fehlerhaftes Produkt kann im Markt nie erfolgreich sein. Eine Veröffentlichung oder eine Dissertation mit vielen Fehlern schafft es nicht durch eine ernsthafte Überprüfung. Was ich also brauche, ist Fähigkeit, Kreativität, Hingabe und Einsatzbereitschaft, Präzision und Teamgeist.

> **Wichtig** Ehrlichkeit, Authentizität und 100 %ige Aufmerksamkeit sind beim Bewerbungsgespräch am wichtigsten.

8.1.1 Fähigkeit

Ein Vorstellungsgespräch dauert etwa eine Stunde oder vielleicht auch zwei, und wenn Sie einen guten Eindruck machen, werden Sie ein zweites Mal zum Gespräch gebeten. Für bestimmte Anstellungen werden Sie vielleicht sogar zu einem Assessment Center eingeladen (dazu später mehr).

Wie auch immer, meine Zeit, um Ihre Fähigkeiten zu beurteilen, ist begrenzt, und die Vorstellungsgespräche alleine reichen dazu im Allgemeinen nicht aus. Ich muss also auch sehen, wie Sie sich entwickeln und welche Ergebnisse Sie in der Vergangenheit erzielt haben. Deswegen brauchen Sie gute Noten (und deswegen lesen Sie auch dieses Buch). Wenn Sie gute Noten haben, kann ich zumindest daraus schließen, dass Sie die Fähigkeit und die Motivation haben, hart zu arbeiten, um Ihre Ziele zu erreichen. Also wird man Sie einladen. Ich schaue mir auch gerne Arbeitsproben an, zum Beispiel Ihre Bachelor- oder Masterarbeit. Auch Software, die Sie geschrieben haben, interessiert mich. Anhand der Art, wie die Arbeitsproben gemacht sind, kann ich schnell beurteilen, ob es sich lohnt, sich weiter damit zu beschäftigen, selbst wenn ich kein Experte auf dem Gebiet der Arbeitsproben bin. Dies ist ähnlich, wie wenn Sie einen Tänzer, Turner oder Turmspringer anschauen: Auch wenn Sie kein Experte sind, können Sie meist recht zügig beurteilen, ob die Darbietung des Sportlers gut ist oder nicht.

Im Vorstellungsgespräch selbst möchte ich unter anderem gerne sehen, ob Sie Ihre Arbeitsproben so erklären können, dass ich das Wesentliche verstehe. Dies ist sehr wichtig, denn in einem Team müssen vielfältige, technisch komplexe Informationen ausgetauscht werden. Und wenn Sie Ihre Gedanken und Ideen nicht gut vermitteln können, bremsen Sie vermutlich mein Team aus und machen die Arbeit des Teams zum Teil ineffizient.

8.1.2 Kreativität

Die Forderung nach Kreativität bedeutet nicht, dass Sie der größte Erfinder aller Zeiten sein müssen. Tatsächlich führt das Zusammentreffen von zu vielen „genialen Geistern" manchmal dazu, dass sich diese, bildlich gesprochen, gegenseitig „auf den Füßen herumstehen".

Trotzdem möchte ich von Ihnen Kreativität, wenn es darum geht, Lösungen zu Problemen zu finden. Denn Probleme gibt es in Projekten zuhauf. Deswegen brauche ich Sie ja: dass Sie mir helfen, die auftretenden Probleme zu lösen und die anstehende Arbeit zu bewältigen.

Letzteres ist in der Regel einfacher, Lösungen zu Problemen zu finden, ist dagegen interessanter und spannender. Ich werde also im Vorstellungsgespräch nicht nur technisches Wissen abfragen, sondern auch Fragen wie diese stellen: „Nehmen wir an, dass folgendes Problem vorliegt … Wie würden Sie an die Sache herangehen?" Die Art, wie Sie denken und welche Strategien Sie zur Lösungsfindung ergreifen, wiegt bei Ihrer Antwort oft schwerer als der Umstand, ob Sie im Interview die gesuchte Lösung nun finden oder nicht. Mich interessiert vor allem die Reichhaltigkeit und Sinnhaftigkeit Ihrer Ansätze.

8.1.3 Hingabe und Einsatzbereitschaft

Hingabe und Einsatzbereitschaft sind genauso wichtig wie Fähigkeit und Kreativität. Die Hauptaufgabe bei Projekten ist oft, die anstehenden Arbeiten in dem geforderten Zeitrahmen fertigzustellen, damit der Kunde rechtzeitig beliefert werden kann. Manchmal ist das einfach anstrengende Arbeit, und möglicherweise müssen Sie auch mal Arbeiten verrichten, die nicht zu Ihren Lieblingsaufgaben gehören. Gerade dann brauche ich eine Mannschaft, auf die ich zählen kann. Wenn Sie mich davon überzeugen können, dass Sie von diesem Typus sind, machen Sie gegenüber Ihren Mitbewerbern kräftig an Boden gut. Eine lohnenswerte kleine Lektüre hierzu ist das Buch *Der Fred Faktor* (Sanborn 2006).

8.1.4 Präzision

Ich hatte es schon erwähnt: „In der Praxis zählt nur die Eins." Wird ein Produkt entwickelt, muss die verantwortliche Firma dafür sorgen, dass es zuverlässig funktioniert, andernfalls wird der Kunde nicht zufrieden sein. Auch wenn dies keine hinreichende Bedingung für den Markterfolg ist (ein Produkt muss auch in vielen anderen Hinsichten überzeugen), so ist es doch eine notwendige. Um ein zuverlässiges Produkt entwickeln und fertigen zu können, ist eine präzise Denk- und Arbeitsweise unabdingbar. Viele der heutigen Produkte sind so komplex und kompliziert, dass es einen enormen Aufwand bedeutet, alle Bestandteile des Produkts korrekt miteinander interagieren zu lassen. Dies funktioniert nur, wenn jede Komponente mit höchster Präzision gefertigt und das Gesamtprodukt stimmig entworfen ist.

Sie erinnern sich vielleicht an Abb. 6.14, wo dargestellt ist, wie teuer ein Fehler zu stehen kommt, wenn er nicht früh genug entdeckt wird. Viele Fehler entstehen dadurch, dass die Bearbeiter ihre Aufgaben nicht mit der nötigen Präzision ausführen. Mangelnde Präzision führt unter anderem zu Missverständnissen zwischen den Teammitgliedern, und Missverständnisse führen fast immer zu Fehlern. Ich werde also versuchen herauszufinden, wie genau und präzise Ihre Gedanken und Ihre Arbeitsweise sind.

8.1.5 Teamgeist

Vor einigen Jahrzenten gab es noch ausreichend Gelegenheit, verkaufbare technische Produkte zu entwickeln, die zur Realisierung nur eine oder zwei Personen benötigten. Denken Sie an den ersten Apple-Computer: Den haben im Wesentlichen Steve Wozniak und Steve Jobs entwickelt. Heute ist das meist nicht mehr möglich. Die Produkte sind viel komplexer geworden, daher ist die Chance sehr hoch, dass Sie in einem Projektteam mit vielen Personen arbeiten werden. Teams gedeihen bei gutem Teamgeist, wo jeder dem anderen hilft und sich alle unterstützen. Das ganze Team hat ein gemeinsames

Ziel. Kooperation und gute Kommunikation sind essenziell, und wenn die Zeiten hart werden, muss das Team zusammenstehen, um die Herausforderungen zu meistern. Es gibt aber eine Spezies von Mensch, die ich „Information Hider" nenne. Diese Personen versuchen, sich in einer Firma dadurch unentbehrlich zu machen, dass sie wichtiges Wissen ansammeln und gleichzeitig von anderen fernhalten. Sie versuchen, die einzigen Experten auf einem bestimmten Gebiet zu werden, um unabkömmlich zu werden. Ich begrüße es sehr, wenn sich jemand zum Experten machen möchte. Die Expertise aber mit anderen nicht teilen zu wollen, ist absolut inakzeptabel. Ganz im Gegenteil, ein Experte hat die Pflicht, sein Wissen mit anderen zu teilen, damit das ganze Team profitieren kann. Jeder Vorgesetzte oder Personalvermittler versucht also zu verhindern, dass Information Hider eingestellt werden, also seien Sie keiner.

8.1.6 Ehrlichkeit

Darüber müssen wir nicht wirklich sprechen, oder? Unehrlichkeit bezüglich der Informationen, die Sie geben, ist ein 100 %iges Ausschlusskriterium für eine Einstellung.

8.2 Wie bewerben Sie sich?

Ihre Bewerbung sollte fehlerfrei sein. Dies bezieht sich auf alle Daten, die Sie zur Verfügung stellen und auch auf Grammatik und Rechtschreibung. Ihre Informationen sollten auch vollständig sein, zum Beispiel darf Ihr Lebenslauf keine Lücken enthalten. Wenn Sie Fehler in Ihrer Bewerbung haben oder diese unvollständig ist, frage ich mich: „Wenn sich die Person dahinter noch nicht einmal in der Bewerbung um Korrektheit und Vollständigkeit bemüht, wie steht es dann um Korrektheit und Vollständigkeit bei Dingen von Bedeutung, wenn die Person bei uns in der Firma ist?" Sie sollten auch überzeugend argumentieren, warum Sie gerade bei mir in der Firma arbeiten wollen und wie Sie glauben, mir eine echte Hilfe bei meinen Aufgaben sein zu können. Dazu müssen Sie sich auf jeden Fall mit der Firma beschäftigt haben, in der ich arbeite, und Sie müssen glaubhaft und authentisch vermitteln können, warum gerade diese Firma aus Ihrer Sicht die richtige für Sie ist.

8.3 Assessment Center

Es kann sein, dass Sie sich in einem Assessment Center bewähren müssen (Krause und Thornton 2008), je nachdem, um welche Stelle Sie sich bewerben. Es ist sicher nützlich, sich Literatur zum Thema Assessment Center zu besorgen, es gibt eine Menge davon. Wenn ich Ihnen einen Rat geben darf: Seien Sie sie selbst! Spielen Sie keine Rolle, ihre Beobachter finden es ohnehin heraus, wenn Sie dies tun. Ihr potenzieller Arbeitgeber möchte mit dem Assessment Center einfach herausbekommen, wer Sie sind und ob Sie ins Team passen. Das sollte übrigens auch in Ihrem eigenen Interesse sein, denn sollte es zu einer Einstellung kommen, sollen ja beide Parteien, Sie selbst und die Firma, glücklich mit der Entscheidung sein.

Im Assessment Center werden Sie mit fiktiven Szenarien konfrontiert werden, auf die Sie sich eine kurze Zeit vorbereiten dürfen, bevor Sie im interaktiven Dialog mit verschiedenen Teilnehmern und vor mehreren Beobachtern das Szenario durchspielen. Die Aufgaben sind realistisch und bilden tatsächlich vorkommende Szenarien ab, dennoch sind diese ausgedacht und keine echten Fälle aus der Firma, bei der Sie sich bewerben. Seien Sie in diesen Rollenspielen kreativ. Ich selbst war auch schon mit Aufgaben in Assessment Centern konfrontiert. Eine davon beschrieb ein Projekt, welches stark in Verzug geraten war, und ich sollte einen Weg aus dem Dilemma zeigen. Während der Vorbereitung war ich zunächst kurz irritiert und dachte: Dies ist eine fiktive Situation. Woher soll ich wissen, welche Ressourcen mir zur Verfügung stehen, wie deren Fähigkeiten sind und wie der Kunde sich verhält? Dann kam mir der rettende Gedanke: Wenn es keine Einschränkungen gibt, kann ich mir selbst Randbedingungen ausdenken, so lange sie vernünftig und realistisch sind. Also traf ich bezüglich des fiktiven Szenarios weitere fiktive, von mir selbst ausgedachte Annahmen. Ich ersann ein hochkompetentes Consulting-Team, welches ich aus meinem früheren (fiktiven) Arbeitsleben kannte und welches ideal geeignet wäre, die existierende Ressourcenknappheit aufzufangen. Dann entwarf ich einen Projektplan, der geeignet war, die verlorengegangene Zeit wieder wettzumachen. Das Resultat: Meine Problemlösung wurde als kreativ bewertet und ich wurde bei meiner Wunschfirma eingestellt.

9

Körper und Seele

"Mens sana in corpore sano." (Ein gesunder Geist in einem gesunden Körper).

(Juvenal, Römischer Poet)

Sie werden sich vielleicht fragen, warum es in einem Buch über den Weg zum Einser-Student ein Kapitel über Körper und Seele gibt. Die Antwort ist einfach: Wir sind alle Menschen und unser Wohlbefinden beeinflusst unsere Leistungsfähigkeit in Studium und Beruf. Können Sie sich vorstellen, erfolgreich zu studieren, wenn Sie eine schlimme Krankheit, starke körperliche Beschwerden oder eine emotionale Krise durchleben? Ich nehme an, Sie stimmen mir zu, dass dies schwierig ist. Daher verdient Ihr physisches und emotionales Wohlbefinden Beachtung, auch wenn es um Ihr Studium oder Ihr Arbeitsleben geht.

9.1 Soziales Leben

Dies ist, meiner Meinung nach, der wichtigste Punkt, wenn es um Ihr Wohlbefinden geht. Ich habe hierzu allerdings nicht sehr viele konkrete Ratschläge, da die Bedürfnisse der Menschen doch sehr unterschiedlich sind. Es gibt Menschen, die nur wenig soziale Interaktion benötigen, für andere ist dieser Punkt dagegen entscheidend. Für manche besteht die soziale Interaktion aus jener mit Kommilitonen oder Kollegen. Für andere wiederum bilden enge Freunde oder die Familie das Zentrum ihres Wohlbefindens. Was ich aber sagen kann, ist, dass der Weg zum Einser-Studenten nicht bedeutet (und dies auch nicht bedeuten darf), dass Ihr soziales Leben auf null reduziert wird. Natürlich wird die Menge an Arbeit, die Sie bewältigen müssen, möglicherweise dazu führen, dass Ihre Zeit für Besuche, Partys, Treffen, Verabredungen und so weiter zeitweise reduziert ist. Aber diese strengeren Zeiten vergehen, und wenn Sie dafür sorgen, dass Sie sich voll und ganz Ihren Liebsten widmen, wenn Sie mit ihnen Unternehmungen machen, werden Sie die richtige Balance finden.

> **Wichtig** Die Erhöhung der geistigen Leistungsfähigkeit durch körperliche Fitness ist mittlerweile sehr gut durch Forschungen belegt. Nutzen Sie daher die Möglichkeiten des körperlichen Trainings für Ihmr Studium.

9.2 Physische Gesundheit

Ihre Studienergebnisse können Sie definitiv verbessern, wenn Sie ein ausgeglichenes Leben führen, welches Sie gesund erhält. Sie können aber noch mehr tun, um Ihr

Ziel „Einser-Student" zu erreichen. Die nächste Stufe nach „gesund" ist „leistungsfähig" und die übernächste Stufe „leistungs- und widerstandsfähig". Physische Gesundheit, Leistungsfähigkeit und Widerstandsfähigkeit beeinflussen Ihren mentalen Zustand und übertragen sich auf alles, was Sie tun. Wenn Sie zum Beispiel wissen, wie es sich anfühlt, physisch widerstandsfähig zu sein, können Sie dieses Gefühl auch auf die mentale Ebene übertragen. Körperliche Widerstandsfähigkeit resultiert natürlich nicht zwangsweise in mentaler Widerstandsfähigkeit, aber die Erfahrung auf der physischen Ebene hilft der mentalen sehr stark (und umgekehrt). Es gibt außerdem zahlreiche Nachweise, dass physisches Training die geistige Konzentration und die kognitiven Funktionen stärkt (Cooper 1982, 2001; Ratey 2008; Trost 2009).

Ein Beispiel für solche Zusammenhänge ist in Abb. 9.1 zu sehen. Dort ist das Resultat einer Studie dargestellt ist, die 2007 mit Dritt- und Fünftklässlern gemacht wurde. Dabei wurde deren schulische Leistung vor und nach der Aufnahme von verstärktem physischem Training über eine gewisse Zeit gemessen. In dieser Studie zeigte sich eine positive Korrelation zwischen Fitnessgrad und schulischer Leistung. Ursache und Wirkung sind hier wissenschaftlich schwer zu ermitteln, auch wenn die positive Wirkung von Training auf die geistigen Leistungen durchaus intuitiv erscheint (verbesserte Sauerstoff-Versorgung, geistige Wachheit durch die Verbindung von Körper und Geist, verbesserte soziale Interaktion durch gemeinsames Training, welches zu verbessertem Wohlbefinden führt).

Am Ende ist der genaue Wirkzusammenhang aber zweitrangig, so lange man sich den Effekt, der offensichtlich existiert, einfach zunutze machen will.

Wie bei allem gibt es auch ein „zu viel des Guten", also übertreiben Sie es nicht. Verwandeln Sie Ihre Sport- oder Fitnessaktivitäten nicht in eine Besessenheit, andernfalls

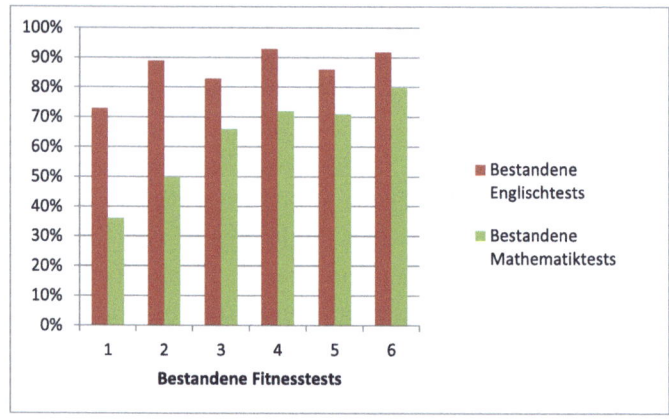

Abb. 9.1 Zusammenhang zwischen Fitness und schulischer Leistungsfähigkeit gemäß einer Studie, die 2007 mit 259 Dritt- und Fünftklässlern gemacht wurde (Trost 2009)

werden Sie ausbrennen. Sie sollen schließlich über die physische Komponente leistungsfähiger und zufriedener werden: „Der Gebrauch erhält, die Anstrengung fördert, die Überanstrengung schadet." So heißt es in der Medizin.

9.3 Die moderne Arbeitswelt und gesundheitliche Effekte

Professor Schnack, ein deutscher Chirurg, der sich in seinen späten Jahren auf die vorbeugende Medizin spezialisiert hat, (Schnack 2012, 2016), hat drei Eigenschaften der modernen Arbeitswelt identifiziert, die sich extrem nachteilig auf die menschliche Gesundheit auswirken: Es fehlen Pausen, es gibt Stress und lange Zeiten des Sitzens.

9.3.1 Wenn Pausen fehlen

Laut (Schnack 2012) ergibt sich die größte gesundheitliche Bedrohung aus fehlenden Pausen, nicht durch Stress. Stress ist natürlich auch eine Bedrohung (siehe Abschn. 9.3.2). Doch frühere Generationen hatten ebenfalls sehr viel Stress, nicht selten sogar mehr als wir heute. Trotzdem gab es früher deutlich weniger Depressionen und Burn-out-Fälle als heute. Das liegt daran, dass die Welt der Generation unserer Väter und Vorväter weniger schnelllebig war als die aktuelle. Die Medien bombardieren uns fortwährend, vollgepackt mit Information, die meisten Leute können Ihre Augen gar nicht mehr von ihrem Smartphone lassen, und wir haben hunderte von TV-Kanälen. Letztlich leiden wir an unablässigem Input. Diese unvorteilhafte Situation hat bereits ein solches Ausmaß angenommen, dass viele Menschen es gar nicht mehr ertragen können, wenn Stille einkehrt und nichts passiert. Stille führt nicht mehr zu Nachdenklichkeit und Entspannung, sondern erzeugt ein unangenehmes Gefühl. Die Menschen haben das Verlangen, jede zur Verfügung stehende Zeit mit Aktivität füllen zu müssen. Die Fähigkeit zur Entspannung nimmt in alarmierendem Maße ab. So wie aber der Körper Zeit zur Erholung benötigt, verlangen auch Geist und Seele danach. Aktivität und Inaktivität müssen ausgeglichen sein. Unser sympathisches Nervensystem, welches die Aktivität steuert, und unser parasympathisches Nervensystem, das die Entspannung reguliert, müssen gleichermaßen zur Geltung kommen. Ist dem nicht so, brennen wir aus und laufen Gefahr, depressiv, müde und ausgemergelt zu werden.

9.3.2 Wenn Stress herrscht

Sie haben sicher schon gehört, dass es zwei Arten von Stress gibt, Eustress und Distress. Diese Erkenntnis stammt von dem österreichisch-kanadischen Arzt Hans Selye. Eustress ist positiver Stress, eine treibende Kraft, welche die Menschen motiviert. Sie fühlen Eustress, wenn Sie gerade dabei sind, ein neues Computerspiel zu programmieren, das Sie sich ausgedacht haben, wenn Sie Ihr Zimmer neu nach Ihren Vorstellungen gestalten und einrichten, oder wenn Sie Ihrem Freundeskreis eine neue Einsicht weitergeben wollen, die Sie entdeckt haben.

Wenn Sie eine gute Idee oder Vision haben und Sie diese unbedingt umsetzen und in der realen Welt erproben wollen, dann fühlen Sie Eustress. Eustress tut Ihnen gut – vor allem, da diese Art von Stress üblicherweise in aktives Handeln mündet.

Die negative Art von Stress, Distress, bringt Sie hingegen unter Druck, schürt Ängste und ruft das „Kampf-oder-Flucht"-Syndrom hervor. Die Stresshormone Adrenalin und Cortisol werden ausgeschüttet, um Sie auf körperliche Anstrengung vorzubereiten. Der Blutdruck und die Herzfrequenz steigen, und die Hautfarbe wird blass, da das Blut sich in Ihre Muskeln verlagert, um die bestmöglichen Voraussetzungen für energische Aktionen zu schaffen und die Gefahr von Blutverlust bei einer möglichen Verletzung zu minimieren. In der zivilisierten Welt folgt aber nach Stresssituationen in der Regel keine energische körperliche Aktion, es sei denn, Sie nehmen an einem sportlichen Wettkampf teil oder sind in eine körperliche Auseinandersetzung verwickelt.

Sie fühlen Distress, wenn Sie sich vor einer Prüfung fürchten, sich mit jemandem streiten, kurz vor einer Präsentation stehen oder einen Verkehrsunfall miterleben. Die meisten solcher Stresssituationen belassen Sie in gestresstem Zustand, Sie müssen weder wegrennen noch einen Angreifer zurückschlagen, obwohl unser genetisches Erbe genau das vorsieht. Sie können Sich vorstellen, dass solche Stresssituationen Ihre Gesundheit beeinträchtigen können, wenn sie zu häufig vorkommen. Besonders das Herz-Kreislauf-System leidet darunter. Der logische Menschenverstand sagt Ihnen, dass die beste Kompensation für Stress das von der Natur vorgesehene Gegenmittel ist: physische Aktivität. Letzteres wird in Abschn. 9.6 noch einmal aufgegriffen.

9.3.3 Wenn Sie lange sitzen

Der menschliche Körper ist für Bewegung ausgelegt, insbesondere solche mit sich wiederholendem Muster. Beim Gehen bewegen sich unsere Beine vor und zurück, sogar die Arme bewegen sich dabei hin und her. Gleiches passiert beim Klettern oder Schwimmen. Die Muskeln, welche als Agonisten bezeichnet werden, bewegen den Körper in die gewünschte Richtung: Die Antagonisten bewegen die Gliedmaßen in eine Ausholbewegung, um Schwung für den nächsten Vorwärtsschub zu holen. Das Schwungholen macht sich unsere Faszien zu nutze. Das sind unter anderem die Sehnen, aber eben nicht nur diese. Ärzte und Physiotherapeuten sprechen von ganzen Muskelketten (Starret und Starret 2016), da die Muskeln in elastische Faszienhüllen eingepackt sind, welche die verschiedenen Muskeln miteinander verbinden und wie eine Spannfeder wirken. Die faszialen Strukturen haben die Fähigkeit, potenzielle Energie zu speichern. Die Antagonisten verrichten dann die Arbeit, um die Vorspannung zu erzeugen. Beim Werfen eines Balls wird dies offensichtlich: Die Vorspannung hilft den Agonisten bei der Vorwärtsbewegung und liefert diesen Bewegungsenergie, damit sie nicht so schnell ermüden. Der Vorspanneffekt entlastet die Hauptarbeitsmuskeln, eben die Agonisten, ähnlich wie der Elektromotor eines E-Bikes beim Fahrradfahren unterstützt. Die Bewegungen sehen gewandt und elastisch aus, wenn die Faszien koordiniert eingesetzt werden, so wie man es bei Turnern, Parkour-Läufern, Hip-Hop-Tänzern und vielen anderen sieht. Die Bewegungsunterstützung durch Vorspannung beziehungsweise Ausholen macht intuitiv Sinn, denn Effizienz ist von herausragender Bedeutung in fast allen Sportarten. Warum erzähle ich Ihnen das? Weil langes Sitzen vor dem Computer oder am Schreibtisch das genaue Gegenteil dessen ist, wofür der menschliche Körper gemacht ist.

In Abb. 9.2 werden einige der offensichtlichen gesundheitsschädlichen Effekte von langem Sitzen zusammengefasst.

Nach einer gewissen Zeit des Sitzens beginnen Sie, Schmerzen zu spüren, vor allem wenn Sie aufstehen. Waren Sie schon einmal auf einem Langstreckenflug? Falls ja, dann wissen Sie, was ich meine. Diese Schmerzen kommen hauptsächlich von den Faszien, denn dort sitzen die meisten Schmerzrezeptoren. Sie werden ein natürliches Verlangen spüren, sich recken und strecken zu wollen – und genau das sollten Sie auch tun.

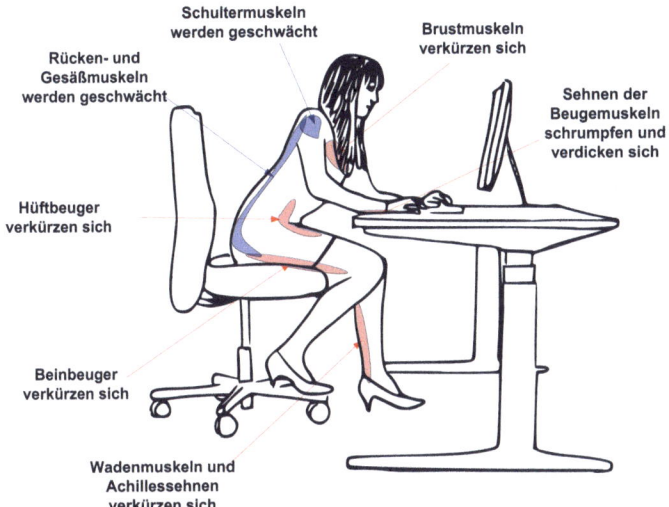

Abb. 9.2 Sitzen und seine nachteiligen Effekte für Muskeln und Faszien

9.4 Gegenmaßnahmen

Der moderne Mensch, der die meiste Zeit im Sitzen verbringt und sich in einer stressreichen Arbeitsumgebung befindet, sollte versuchen, die gesundheitsschädigenden Effekte seines Lebensstils zu kompensieren.

> **Wichtig** Das Fehlen von Pausen, Stress und zu langes Sitzen sind die stärksten krankmachenden Faktoren der modernen Arbeitswelt (in genau dieser Reihenfolge). Als Kompensation eignen sich Entspannungsübungen, Ausdauer- und Mobilitätstraining.

Professor Schnack empfiehlt drei kompensatorische Aktivitäten und zwar in der folgenden Prioritätsreihenfolge (Schnack 2012):

1. Entspannung – als Kompensation für das Fehlen von Pausen,
2. aerobes Training – als Kompensation für Distress und
3. Mobilitätsübungen – als Kompensation für langes Sitzen.

9.5 Aktiv entspannen

Um die Entspannungsmechanismen des menschlichen Körpers zu verstehen, sollten Sie sich die folgenden physiologischen Zusammenhänge klar machen.

Der große Regulator der Entspannung ist das parasympathische Nervensystem, wobei der sogenannte Vagusnerv den größten Beitrag liefert (Schnack 2012). Dieser Nerv steuert zum Beispiel die Ausatmung, während die Einatmung über das sogenannte sympathische Nervensystem aktiviert wird. Mit dem Vagusnerv sind noch drei weitere Nerven des Kopfes verbunden. Einer davon ist der dritte Hirnnerv, der sogenannte *Nervus oculomotorius,* der an der Bewegung der Augen beteiligt ist. Ein anderer ist der Gesichtsnerv *(Nervus fascialis),* der siebte Hirnnerv, welcher Gesichtsausdrücke steuert. Der neunte Hirnnerv *(Nervus glossopharyngeus)* ist mit der Zunge und dem Kehlkopf verbunden. Die Funktion dieser Nerven erklärt, warum es entspannend ist, wenn Sie Ihren Kopf in die Hände legen und dabei die Augen leicht drücken (dritter Hirnnerv). Wenn Sie lächeln oder wahrhaft lachen (siebter Hirnnerv) ist das auch entspannend. Auch Singen beruhigt (neunter Hirnnerv), besonders bei den tiefen Tönen. So lässt sich erklären, warum Katzen schnurren, Soldaten beim Marschieren Lieder singen und buddhistische Mönche manchmal die Ausatmung mit einem extrem tiefen Brummton praktizieren: Alle diese Entspannungsäußerungen gehen auf das parasympathische

Nervensystem zurück. Das Individuum konzentriert sich dabei auf andere Dinge als die eigenen Gedanken, indem eine milde Ablenkung eingesetzt wird. Das bedeutet zwar nicht, dass die Gedanken komplett verschwinden, sie verlieren allerdings an Bedeutung, da sie kommen und gehen dürfen, ohne analysiert zu werden.

Es gibt noch einen weiteren Mechanismus, der entspannend wirkt: einfache, nicht anstrengende sich wiederholende Bewegungsmuster. Viele, wenn nicht alle Religionen, kennen diese Wiederholungsmuster: beten mit dem Rosenkranz, ständiges Wiederholen eines Mantras oder sich auf das Ein- und Ausatmen konzentrieren, während man meditiert. Es gibt eine interessante Erklärung in (Schnack 2012), warum Wiederholungsmuster beruhigend wirken: Wenn sich der Fötus im Mutterleib entwickelt, fühlt sich für den werdenden Menschen alles sicher und entspannt an. Zugleich ist der Hörsinn einer der ersten menschlichen Sinne, der sich beim Fötus entwickelt, daher kann er den regelmäßigen Herzschlag der Mutter sehr früh wahrnehmen. Auch das regelmäßige Atmen wird über den Hörsinn wahrgenommen. Daher assoziieren wir Wiederholungsmuster mit einer bestimmten Frequenz, etwa 64 Ereignisse pro Minute – die Frequenz eines ruhigen Herzschlages, oder 16 Ereignisse pro Minute – die Frequenz einer ruhigen Atmung mit Entspannung.

Ich empfehle Ihnen, eine der vielen Entspannungsmethoden regelmäßig, i.e. wenigstens 15 min pro Tag, anzuwenden. Ich nenne Ihnen einige Beispiele, deren Wirkmechanismus Sie mit dem eben Gesagten leicht nachvollziehen können:

- Gehen oder leichtes Joggen,
- leichte, quasi-rhythmische Tätigkeiten (Gartenarbeit, leichte Hausarbeiten),

- entspanntes Betrachten von beruhigenden Ereignissen wie Wolken, Meereswellen, Lagerfeuer oder Ähnliches,
- langsames, achtsames, rhythmisches Ein- und Ausatmen (Schnack 2012; Hardy und Gallagher 2015; Tohei 2003; Harvard 2009). Es mehren sich die Nachweise, dass regelmäßige Atemübungen von wenigstens zehn Minuten am Tag die kognitiven Fähigkeiten erhöhen und die Aufregung vor Prüfungen verringern kann (Moore 2012; Kanellakou 2014; Brunyé et al. 2013),
- bewusste Muskelentspannung durch Yoga bzw. Stretching (Verstegen und Williams 2011; Anderson 1996; Alter 1998; Laughlin 1998) oder progressive Muskelentspannung nach Jacobson sowie
- autogenes Training (Hoffmann 2000).

9.6 Aerob trainieren

In Abschn. 9.3.2 hatte ich erwähnt, dass Sie auch für Stress eine Kompensation brauchen und dass der beste Kompensationsmechanismus körperliche Bewegung ist. Natürlich wäre es am besten, wenn die körperliche Aktivität sich direkt an die Stresssituation anschließen würde, aber selbst wenn Stunden zwischen Stress und Aktivität liegen ist letztere sehr wohltuend. Es werden Reste von Stresshormonen beseitigt und Reparaturvorgänge im Körper eingeleitet. Laut Martin Halle (Halle 2012), einem deutschen Arzt, der sich auf Präventionsmedizin spezialisiert hat, ist Ausdauertraining in Bezug auf Stresskompensation doppelt so effektiv wie Krafttraining.

Nun, wie intensiv sollte das Training hierfür sein? Weniger, als Sie möglicherweise denken. Es reicht, wenn Sie leicht ins Schwitzen kommen und dabei immer noch durch die Nase ein- und ausatmen können (Schnack

2016). Wenn Sie derart nach Sauerstoff lechzen, dass Sie durch den Mund atmen müssen, dann übertreiben Sie bereits, was den Kompensationseffekt für Stress anbelangt. Zu guter Letzt beeinflusst aerobes Training auch die Gehirnfunktion positiv, was sich schon in Abb. 9.1 angedeutet hat.

Aerobes Training kann vieles sein. Als Erstes denkt man an Lauftraining, aber auch Tanzen, Fußball, Fechten, Eislaufen, Volleyball, Schwimmen und so weiter eignen sich dazu. Ein moderner Klassiker zu aerobem Training ist das Buch „Bewegungstraining" von Luftwaffenarzt Kenneth Cooper (Cooper 2001). Er hat in den 1960er-Jahren Tausende von Rekruten aerob trainieren lassen und detailliert vermessen. Cooper wurde berühmt wegen seines Zwölf-Minuten-Fitness-Tests, der in Tab. 9.1 zu sehen ist.

Wenn Sie diesen Test durchführen und bei „gut" oder sogar „sehr gut" landen, dann kann ich Ihnen nur gratulieren. Führen Sie bewegungstechnisch fort, was auch immer Sie aktuell tun. Wenn Ihre Fitness geringer ist, sollten Sie überlegen, ob Sie nicht mit irgendeiner Form des aeroben Trainings beginnen.

Sowohl (Cooper 2001) als auch (Cooper 1982) enthalten Trainingsanweisungen, die sich in der Praxis bewährt haben und an Tausenden von Probanden getestet wurden. In Tab. 9.2 will ich Ihnen ein Beispiel für eines von Coopers Trainingsprogrammen zeigen. Die Aktivität

Tab. 9.1 Fitnesseinstufung nach Cooper (Cooper 2001)

Gelaufene Strecke nach 12 min	Fitnesseinstufung
<1,6 km	Sehr schlecht
1,6–2,0 km	Schlecht
2–2,4 km	Mäßig
2,4–2.8 km	Gut
>2,8 km	Sehr gut

Tab. 9.2 Ein Trainingsprogramm für die Aktivität „Laufen" und den Fitnesslevel „mäßig" nach (Cooper 2001)

Woche	Distanz in km	Gehen/Laufen	Zeitziel in Min:Sek	Tage pro Woche
1	1,6	Gehen	12:45	5
2	1,6	Gehen/Laufen	11:00	5
3	1,6	Gehen/Laufen	10:30	5
4	1,6	Laufen	09:30	5
5	1,6	Laufen	09:15	5
6	1,6	Laufen	08:45	3
	2,4	Laufen	15:00	2
7	1,6	Laufen	08:30	3
	2,4	Laufen	14:00	2
8	1,6	Laufen	07:55	3
	2,4	Laufen	13:00	2
9	1,6	Laufen	07:45	2
	2,4	Laufen	12:30	2
	3,2	Laufen	18:00	1
10	2,4	Laufen	11:55	2
	3,2	Laufen	17:00	2

hier ist „Laufen", und es wird von einem Fitness-Level „mäßig" ausgegangen.

Wenn Sie am Ende des Trainingsprogramms angelangt sind, müssen Sie lediglich das Programm der letzten Woche aufrechterhalten, um in Form zu bleiben. Tab. 9.2 zeigt, dass es eine Weile dauert, bis Sie in Form sind. Die Distanzen und der zeitliche Trainingsaufwand sind allerdings nicht übermäßig groß.

Wenn Sie Lust aufs Laufen haben, dann möchte ich Ihnen eines von Dr. Coopers Büchern ans Herz legen. In jedem Fall sollten Sie mit einem Arzt sprechen, der sich mit Training auskennt, wenn Sie Neuling auf diesem Gebiet sind. Wenn Ihnen modernes Fitnesstraining mehr liegt, sind vielleicht die Bücher (Verstegen und Williams 2011) oder (Lauren und Clark 2017) mehr nach Ihrem Geschmack. Hier geht es allerdings deutlich weiter als nur um Gesundheit, dort stehen auch Leistungsfähigkeit und Widerstandsfähigkeit mit auf dem Plan.

9.7 Faszien stretchen und Mobilität üben

In diesem Kapitel möchte ich Sie mit ein paar einfachen Kompensationsübungen gegen langes Sitzen bekanntmachen. Es geht darum, Ihre natürliche Mobilität zu erhalten. Unter natürlicher Mobilität kann man in etwa jene verstehen, die Sie als Kind hatten, als Ihre Welt noch deutlich mehr mit Bewegung angereichert war als heute. Um die Mobilität aufrecht zu erhalten, ist es notwendig, der Muskelverkürzung und Faszienverfilzung entgegenzuwirken, die sich durch Bewegungsmangel ergeben. Schauen Sie sich die Übungen in Abb. 9.3 an. Wenn Sie sie problemlos ausführen können, ist das fantastisch. Behalten Sie dann einfach bei, was Sie im

Abb. 9.3 Einige Mobilitätstests, die gleichzeitig als Kompensationsübungen bei häufiger sitzender Tätigkeit verwendet werden können.

Moment für Ihren Körper tun. Sollten Sie jedoch bei einer oder mehreren dieser Übungen Probleme haben, versuchen Sie, die Übungen allmählich und behutsam, aber kontinuierlich zu verbessern. Machen Sie bitte nicht den Fehler, Mobilitätstraining mit statischen Übungen und womöglich noch in den Schmerz hinein zu betreiben. Gehen Sie nur an die Spannungsgrenze, nicht an die Schmerzgrenze. Ein sehr empfehlenswertes Buch hierzu ist (König und Staege 2019).

Zusätzliche gute Einführungen in die Welt der Mobilität und der Faszien finden sich in (Schleip und Bayer 2018; Starret und Murphy 2015; Starret und Starret 2016; Verstegen und Williams 2011). Dort sind auch weitere Übungen beschrieben, die dabei helfen, die Mobilität aufrecht zu erhalten. Erwarten Sie allerdings keine dramatischen Resultate in kurzer Zeit. Die Faszien brauchen relativ lange, um sich anzupassen – Schleip spricht hier von einigen Monaten bis zu Jahren (Schleip und Bayer 2018). Die erreichte Mobilität ist dafür dann aber sehr lange stabil, wenn Sie immer wieder eingesetzt wird.

9.8 Du bist, was Du isst

Der Effekt der Ernährung auf die Studienleistungen ist eher vernachlässigbar – so lange Sie nicht zu viel oder zu wenig essen, frei von Nahrungsmittelallergien sind und sich nach dem Essen generell wohlfühlen. Die nachteiligen Effekte suboptimaler Ernährung sind eher langfristig, sodass Sie diese in Ihrer Studienzeit vermutlich nicht bemerken werden. Natürlich ist es besser, wenn Sie sich gesund ernähren, ich will aber in diesem Buch nicht auf dieses Thema eingehen, da es unverhältnismäßig viel Platz einnehmen würde. Es gibt allerdings einige Grundregeln, die Sie dennoch beherzigen sollten:

- Sie sollten genügend Flüssigkeit zu sich nehmen. Als Faustregel gelten acht Gläser Wasser pro Tag für eine mittelgroße Person, die kein anstrengendes Training absolviert. Zählen Sie dabei Kaffee, Alkohol oder andere Getränke, die eher die Wasserausscheidung anregen, nicht dazu. Wenn Sie nicht genügend Flüssigkeit aufnehmen, beginnt Ihr Körper zu dehydrieren, und das macht müde. Damit versucht Ihr Körper, Ihre Aktivität herunter zu regeln, da jede Aktivität Ihren Flüssigkeitsbedarf erhöht.
- Hüten Sie sich auch vor zu viel Zucker. Zucker veranlasst die Bauchspeicheldrüse dazu, Insulin auszuschütten, was im Anschluss den Blutzuckerspiegel reduziert. Ist dieser niedrig, werden Sie ebenfalls müde und es beeinträchtigt Ihre Konzentrationsfähigkeit.

Wenn Sie sich für gesunde Ernährung interessieren, erhalten Sie in (Hardy und Gallagher 2015) einen recht guten Überblick über den gegenwärtigen Stand der Erkenntnisse. Tiefergehende Information findet sich in (Ornish 2007).

10

Noch ein Wort

Sie haben nun das Ende dieses Buches erreicht. Wenn Sie alle Kapitel gelesen haben, haben Sie eine Menge von Vorgehensweisen und Maßnahmen kennengelernt, die wichtig sind, um ein erstklassiges Studienergebnis zu erreichen. Der Weg, den Sie bestreiten müssen, ist anstrengend, aber auch erfüllend. Das Gute daran ist, dass Sie nicht in Konkurrenz mit Ihren Mitstudenten stehen, also keinen Wettbewerb gewinnen müssen. Im Gegenteil. Wenn Sie mit Ihren Kommilitonen zusammenarbeiten, kommen Sie sogar noch weiter, als wenn Sie nur alleine arbeiten. Diese Einsicht ist auch für das spätere Berufsleben wichtig. Wenn Sie den Weg des Top-Studenten einschlagen, werden Sie feststellen, dass es sich gut anfühlt, unter den Besten zu sein – Ihre Karrierechancen für das berufliche Leben klettern damit auf ein Maximum. Die meisten Ratschläge in diesem Buch sind nicht auch nur für Ihr Studium relevant, sondern auch für Ihr Berufsleben. Es lohnt also, sich die vorgeschlagenen Arbeits- und Vorgehensweisen zu eigen zu machen. Wie bei allem, das einen nachhaltigen Effekt hat, brauchen Sie Durchhaltevermögen, bis es in Fleisch und Blut übergegangen ist. Das heißt, Sie müssen genügend Energie investieren, aber Sie müssen deswegen nicht fortwährend leiden, denn der sich einstellende Erfolg fühlt sich gut an und ist der Lohn für Ihre Mühe. Bleiben Sie dran, Sie werden es schaffen!

Literatur

Motivation

Behnke L (2004) Mental skills training for sports: a brief review. J Sport Psychol 6(1)

Boehm BW, Papaccio PN (1988) Understanding and controlling software costs, IEEE Trans. SW Engineering, S 1462–1477

Geoff C (2010) Talent is overrated. Penguin Books, London

Hermann-Ruess A, Ott M (2014) Ideen visualisieren: charts richtig einsetzen: lernen Sie schnell und einfach überzeugende Präsentationen zu erstellen und zu visualisieren. Interactive Publishing

Hull R, Huberti R (2002) Alles ist erreichbar: Erfolg kann man lernen. Rowohlt

Der Lernprozess

Buzan T (1991) Use both sides of your brain. Plume
Kugemann WF (1974) Kopfarbeit mit Köpfchen (German Edition). Pfeiffer
Csikszentmihalyi M (2008) Flow. HarperCollins

Unterstützende Maßnahmen

Allen D (2015) Wie ich die Dinge geregelt kriege: Selbstmanagement für den Alltag. Piper ebooks
Birkenbihl V (1989) Die Birkenbihl-Methode Fremdsprachen zu lernen (German Edition). Gabal
Newport C (2006) How to become a straight-a student: the unconventional strategies real college students use to score high while studying less. Three Rivers Press
Spitzer M (2014) Digitale Demenz: Wie wir uns und unsere Kinder um den Verstand bringen. Droemer
TIPP10. https://www.tipp10.com/en
Wyner G (2014) Fluent forever: how to learn any language fast and never forget it. Harmony

Prüfungsvorbereitung

Storn R (1992) Wie Sie Ihre Chancen in Prüfungen verbessern können (in German), Elektronik 24/1992, Franzis, S 123–124.

Prüfungen erfolgreich bestehen

Storn R (1992) Wie Sie Ihre Chancen in Prüfungen verbessern können (in German), Elektronik 24/1992, Franzis, S 123–124.

Schreiben einer Abschlussarbeit

Alley M (1995) The craft of scientific writing. Springer
Arnold DN (2000) The explosion of the Ariane 5. http://www-users.math.umn.edu/~arnold/disasters/ariane.html
Davis AM (1993) Software requirement: objectives, functions, and states. Prentice-Hall, Englewood Cliffs, NJ
Nelson M, Clark J, Spurlock MA (1999) Curing the software requirements and cost estimating blues: the fix is easier than you might think, Program Manager, Bd XXVIII, No. 6, Defense Systems Management College (DSMC) 153, November-December 1999, S 54–60
NEWT17. https://en.wikipedia.org/wiki/Newton's_method
Parnas DL (1994) Software aging. In Proceedings of 16th International Conference Software Engineering
Parnas DL, Clements PC (1986) A rational design process: how and why to fake it, IEEE Trans. Software Engineering, S 251–257
Ratiu D, Wagner S, Leucker M (2010) Hints for writing a PhD thesis – a pattern oriented approach. Technische Universität München
University of Sydney (2001) Scientific writing. Intermediate Skills Manual of the Biological Sciences
Wiegers KE (2002) Peer reviews in software – a practical guide. Addison-Wesley

Halten von Vorträgen

Fey H (1979) Handreichungen für den Fachvortrag (in German). Rhetor-Verlag, Stuttgart
Harris F (2009) Death by powerpoint, Presentation at the Wireless Innovation Forum, Washington
Hermann-Ruess und Ott (2014). Siehe Literaturverweis im Kapitel „Motivation".

Vorbereitung auf das Arbeitsleben

Kelly Services (2015) The 2015 Hiring manager research (U.S./Canada). http://www.kellyservices.us/uploadedFiles/United_States_-_Kelly_Services/New_Smart_Content/Candidate_Resource_Center/Job_Search_Strategies/Eng_GetHired_Infograph.pdf

Krause DE, Thornton GC (2008) A cross-cultural look at assessment center practices: survey results from Western Europe and North America, 22nd annual conference of the Society of Industrial and Organizational Psychology, New York City

Sanborn M (2006) Der Fred Faktor: Ein Motivationsbuch. mvg

Körper und Seele

Anderson B (1996) Stretching. Goldmann

Alter MJ (1998) Sport stretch. Human Kinetics

Brunyé TT et al (2013) Learning to relax: Evaluating four brief interventions for overcoming the negative emotions accompanying math anxiety, Learning and Individual Differences. Elsevier, S 27

Cooper KH (2001) Bewegungstraining, M. Evans; Fischer Taschenbuch.

Cooper KH (1982) Aerobics program for total well-being. Bantam Books

Halle M (2012) Zellen fahren gerne Fahrrad. Mosaik-Verlag

Harvard Mental Health Letter (2009) Take a deep breath, May 2009, http://www.health.harvard.edu/staying-healthy/take-a-deep-breath

Hardy C, Gallagher M (2015) Strong medicine, how to conquer chronic disease and achieve your full genetic potential, Dragon Door Publications

Hoffmann B (2000) Handbuch des autogenen Trainings (German Edition). DTV

Kanellakou C (2014) The beneficial effects of relaxation techniques on stress, memory and attention, Master's Thesis. Lund University

König M, Staege L (2019) Calisthenics X mobility: stark – beweglich – schmerzfrei. Meyer & Meyer

Laughlin K (1998) Overcome neck & back pain. Simon&Schuster

Lauren M, Clark J (2017) Fit ohne Geräte. Riva

Moore A (2012) Regular, brief mindfulness meditation practice improves electrophysiological markers of attentional control. Front Hum Neurosci 10

Ornish D (2007) M.D., The spectrum – a scientifically proven program to feel better, live longer, lose weight, gain health. Ballantine Books

Ratey JJ (2008) Spark – the revolutionary new science of exercise and the brain. Little, Brown and Company

Schleip R, Bayer J (2018) Faszien Fitness: vital, elastisch, dynamisch in Alltag und Sport. Riva

Schnack G (2012) Der Große Ruhe-Nerv: 7 Sofort-Hilfen gegen Stress und Burnout. Kreuz

Schnack G (2016) Faszien-Jogging, Schwerelos und natürlich laufen. Herder

Starret K, Murphy TJ (2015) Ready to Run: entfessle dein natürliches Laufpotential. Riva

Starret K, Starret J (2016) Sitzen ist das neue Rauchen. Riva

Tohei K (2003) Ki im täglichen Leben. Werner Kristkeitz

Trost SG (2009) Active education – physical education, physical activity and academic performance. activelivingresearch.org

Verstegen M, Williams P (2011) Core Performance: Das revolutionäre Workout-Programm für Körper und Geist. Riva

The manufacturer's authorised representative in the EU is Springer Nature Customer Service Centre GmbH, Europaplatz 3, 69115 Heidelberg, Germany. If you have any concerns regarding our products, please contact ProductSafety@springernature.com

Printed and bound by CPI Group (UK) Ltd, Croydon, CR0 4YY

23/03/2026

02076745-0002